JN063405

農業の6次産業化の地平

菅原　優 編著

筑波書房

はしがき

日本の農山村地域・農業を巡る環境は、昨今の燃料、飼肥料等の農業関連資材価格の高騰により、一段と厳しさを増してきている。これまでも農山村地域・農業は平場農業地域との生産性格差の問題や農産物輸入自由化の拡大、農産物価格の下落などに対して、様々な危機対応や創造的な取り組みを行ってきたと言える。本書で取り上げている“農業の６次産業化”もその一つであろう。その原点は、1960年代に大分県大山町（現日田市）における農山村地域における農協の農業改革に遡り、1990年代に今村奈良臣氏が農産加工や直接販売などの取り組みにより新たな所得と雇用機会の創出に着目したことで注目され、2010年には「６次産業化・地産地消法（略称）」が成立して政策化されたことで、全国各地で地域の農畜産物に付加価値を付けた取り組みが行われるようになってきた。少子高齢化や人口減少が一段と進む農山村地域では、地域の農畜産物に付加価値を付けた６次産業化が、地方創生の重要な施策の柱になっている地域も存在する。

しかし、農林水産省の「農業・農村の６次産業化総合調査」が示すとおり、６次産業化による年間総販売金額は2017年の２兆1,044億円をピークにして微減傾向にあり、「農林業センサス」の結果からも取り組みを行っている農業経営体は減少傾向にある。６次産業化は、単なる一過性のものとしてだけではなく、農山村地域・農業の持続的・創造的な展開にとっても重要な要素として捉えていく必要がある。

とくに重要になってくるのは、6次産業化を担う担い手やその人材育成である。生産管理のみならず、販売やビジネス感覚や知識・技能といった経営ノウハウの蓄積を地域全体でネットワークとして広げていくことであろう。そうした人材育成に取り組むことで、点が線になり面となって“6次産業化の地平”が切り開かれて、地域の持続的・創造的な展開につながっていくと考えられる。本書のタイトルはそのような意図から『農業の6次産業化の地平』とした。

また、人口の多い都市部や消費地で展開する６次産業化のみならず、地方の人口減少に課題を抱えている地域こそ、６次産業化に取り組んで地域のコミュニティを形成していくことの意義が大きいと考えられる。

そこで本書の構成は大きく２部構成となっている。第Ⅰ部は６次産業化と人材育成として、６次産業化の背景と人材育成（第１章）、６次産業化と商品企画の手順（第２章）、６次産業化による地域ブランド構築のための提言（第３章）、６次産業化における原材料の確保と人材育成（第４章）で構成し、６次産業化を巡る課題や人材育成の必要性、プロダクト・アウトのみならずマーケット・インの思考の重要性、地域ブランド構築に向けた地方と都市を結ぶ取り組み事例、６次産業化に取り組む農業生産法人による原材料確保に向けた新規就農者による人材育成の取り組み事例を取り上げた。

第Ⅱ部は北海道における農業の６次産業化の挑戦として、全国的に特色ある動きを示している北海道の６次産業化の動向（第５章）、農業の６次産業化と女性の自立化の可能性（第６章）、農業の６次産業化としてのワイナリー経営への挑戦（第７章）、「農」の領域における“食”の重要性と６次産業化（第８章）で構成し、これまで原料供給に甘んじていた食料基地・北海道において、新たに６次産業化に取り組む個別事例の動向に注目して構成した。

最後に、補論として、海外・中国における６次産業化の動きにも着目し、「郷村振興」戦略と実践事例を掲載した。

本書は、東京農業大学が福島県浪江町で取り組む東日本大震災からの農業の復興支援として、2021年１月に作成した『農業の６次産業化の地平―６次産業化テキスト―』の収録内容を土台にして再編成したものである。

本書の出版にあたっては、執筆メンバーの現地取材に快く応じていただいた農業経営者や関係者の皆さま、厳しい出版情勢のなかで刊行にこぎ着けていただいた筑波書房の鶴見治彦社長に、心より感謝申し上げる次第である。

本書が農山村地域・農業の持続的な展開を目指して奮闘されている現場の農業経営者や行政関係者、6次産業化を学ぶ大学生・大学院生等、幅広い方々に役立てていただければ、望外の喜びである。

2023年９月

菅原　優

目　次

第Ⅰ部

6次産業化と人材育成

第1章

6次産業化の背景と人材育成

菅原　優

1．はじめに

本書で取り上げる6次産業化は、2011年3月に「地域資源を活用した農林漁業者等による新事業の創出等及び地域の農林水産物の利用促進に関する法律」いわゆる“六次産業化法”として法制化された。この6次産業化は1990年代に今村奈良臣氏が提唱[1)]した取り組みとして知られているが、農業・農村の6次産業化の背景には、高度経済成長期以降の深刻な農山村の人口流出や雇用機会の喪失のもとで生産条件の不利な農山村地域の地域振興策や小規模農業・農村女性の自立を促す活動、個別経営による農業経営の多角化といった段階から地域の食品工業としての経営組織の発展などの多様な展開[2)]があった。

そこには個別農業の経営問題にとどまらず、地域全体の産業活性化という視点があり、地域の生産物を加工したり販売方法を工夫することで農家の手取り収入を増やしたものから地域の加工業やサービス業と結びついた地域ぐるみの展開へ発展するものまで多様な展開が存在する。槇平龍宏氏は、個別農業経営や農家グループの多角的経営展開として生産から販売・加工を外部依存せずに内部化することで、原料生産過程で得られる利潤以外の付加価値を得るとともに加工業者や販売業者等との取引費用（販売手数料等）を節約して手取り所得を確保する「垂直的6次産業化」に対して、地域農業を起点として1次産業から3次産業までを含む多様な主体が継続的に連携して事業（ビジネス）を起こし、得られた利潤をビジネスの継続・発展のために再投資する経済循環を形成する取り組みを「水平的6次産業化」として概念を整理[3)]している。

こうしたなかで、既に農山村地域で生産・加工・販売に取り組んできた農業経営者は、流通制度や農地法制の改変をはじめ、国内外の経営環境の変化に対応して果敢に挑戦し、事業の創業・多角化に取り組んできた先駆者である。さらには消費者をはじめとして様々な業種と連携するコミュニケーション力や事業構想力など、優れた企業家マインドを持った経営者である。6次産業化に見られる事業活動や新たな起業活動は、資金調達や投資のタイミング等、優れた経営ノウハウと知識、技能、経営判断力といった経営管理能力を有していなければ成しえないことである。

6次産業化の法制化により新商品の開発や販路拡大に必要な資金の支援制度が用意されたことにより、6次産業化に取り組むケースは全国的に増加したが、潜在的な地域資源を活用し高付加価値化に取り組める人材や地域全体をマネジメントできる人材はなかなか育っていないのが現状ではないかと思われる。さらには、法制化により6次産業化が全国展開することで商品市場の拡大と競争の激化が予想され、これには相当の差別化戦略を持って取り組まないと、取り組みの持続性が問われることとなる。

2．農業・農村の6次産業化の動向

農林水産省「農業・農村の6次産業化総合調査」によれば、農産物の加工、直売所、観光農園、農家民宿、農家レストランといった農業生産関連事業による年間総販売金額は2020年度で2兆329億円となっており、**図1-1**に示したように、統計開始の2010年度の1兆6,552億円から3,777億円増加しているものの、過去5年間で見ると2017年度の2兆1,044億円をピークに微減傾向が続いている。また、この図からも分かるように、農業生産関連事業の多くは農産物の加工（2020年度で45.2％）と農産物直売所（2020年度で51.8％）とが大部分を占めている。この統計の調査対象は農家を中心として農業生産

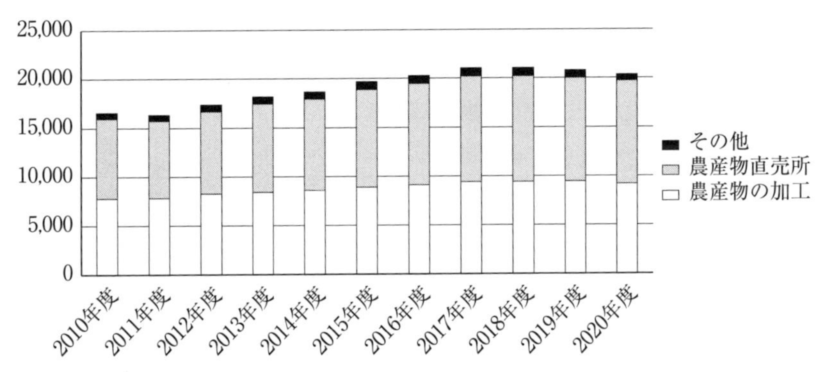

資料：農林水産省「農業・農村の6次産業化総合調査」各年次
注：加工および直売所における運営主体は、農業経営体（家族、法人）、農協等が含まれる。その他には観光農園、農家民宿、農家レストランが含まれている。

図1-1　農業生産関連事業における年間総販売金額の推移

法人、会社等の農業経営体のほか、農業協同組合等の取り組みが反映されており、広く農業・農村の6次産業化を把握するうえで参考になる。

また、農林水産省「農林業センサス」では、2005年以降、農家を含んだ農業経営体を対象に農業生産関連事業を行っている実経営体数の動向を把握している。全国における農産物の加工や消費者への直接販売、観光農園、貸農園・体験農園等、農家民宿、農家レストランなどの農業生産関連事業を行っている実経営体数は、2005年の353,381経営体から、2010年の351,494経営体、2015年の251,073経営体、2020年の230,834経営体となっており、減少傾向にある。これらの動向は、高齢化などにより農業経営体そのものが減少していることに加え、これらの農業生産関連事業が継続されず、中止されているケースが存在することを示している。

しかし、農業経営体に占める農業生産関連事業を行っている実経営体の割合は、2005年の17.6％、2010年の20.9％、2015年の18.2％、2020年の21.5％となっており、20％前後で増減を繰り返している。農業生産関連事業を行っている実経営体数のうち、消費者に直接販売は89.9％、農産物の加工は13.0％、観光農園は2.3％、貸農園・体験農園等は0.7％、農家民宿0.5％、農家レスト

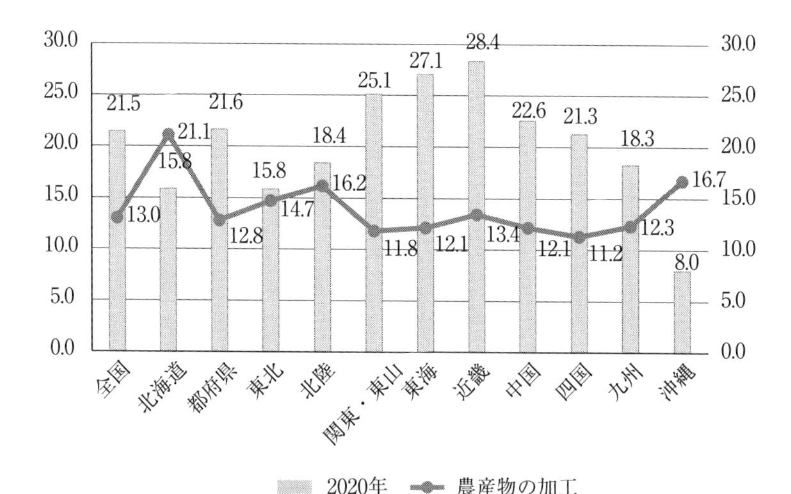

資料：農林水産省「農業センサス」2020年。

図1-2　農業生産関連事業を行っている農業経営体と農産物加工の割合

ランは0.5％となっており、消費者への直接販売が最も高い割合を示している。

これらを全国ブロック別に示したものが**図1-2**である。農業生産関連事業に取り組む農業経営体の割合が全国平均の21.5％を上回っているエリアは、近畿の28.4％、東海の27.1％、関東・東山の25.1％、中国の22.6％となっている。逆に全国平均を下回っているのは、四国の21.3％、北陸の18.4％、九州の18.3％、北海道と東北の15.8％、沖縄の8.0％となっている。大規模で専業的な農家が多い北海道や東北、北陸、九州などは、農業生産関連事業に取り組む農家の割合は低く、逆に近畿や東海、関東・東山といった消費人口が集中しているエリアは農産物の直接販売などが行いやすい環境にあるものと考えられ割合が高まる傾向にある。

また、農業生産関連事業のうち、農産物の加工に取り組む割合についても地域性が見られる。全国平均の13.0％を上回っているのは、北海道の21.1％、沖縄の16.7％、北陸の16.2％、東北の14.7％、近畿の13.4％となっている。とくに北海道は畜産物や乳製品加工などの取り組みが比較的多いものと考えられる。北海道は市場からの遠隔地に存在するため、必然的に品質保持のための加工や流通面の発達が求められてくる。

以上のように2010年度以降の6次産業化の動向を統計的に見てきたが、加工や直接販売などに取り組む際に課題となるのは、新規に事業に取り組んだ後の事業の継続性である。近年の年間販売金額や事業に取り組む事業体数の伸び悩みは、それらを示していると考えられる。

総務省が行った「農業の6次産業化の取組に関するアンケート調査」結果報告書[4)]によれば、6次産業化の事業の開始時に直面した課題については、「施設・機械の整備・調達」40.4%、「技術・ノウハウの習得・向上／技術・ノウハウを持った人材の確保」38.3%、「事業計画の作成」37.0%、「販路の開拓・集客」36.1%、「商品・サービスの企画・開発」22.2%が上位を占めていた。それに対して6次産業化の事業の開始後に直面した課題については、「販路の開拓・集客」49.4%、「商品・サービスの企画・開発」31.2%、「労働力の確保」25.0%、「技術・ノウハウの習得・向上／技術・ノウハウを持った人材の確保」22.5%が上位を占めている。事業の開始時および開始後に直面する課題の序列は変化するが、共通して上位に来ている課題は「技術・ノウハウの習得・向上／技術・ノウハウを持った人材の確保」、「販路の開拓・集客」、「商品・サービスの企画・開発」である。

すなわち「売れる商品」開発を手がける際には、経営学におけるマーケティングや商品企画の知識を習得しながら、顧客のニーズに合った商品開発や改良を重ねられる人材の確保が肝要である。全国各地で6次産業化による商品開発が行われているが、「売れる商品」を作り続けるには、大手メーカーが製造する商品との差別化戦略[5)]が求められる。商品開発には、プロダクトアウトとマーケットインの考え方があり、地域の農林水産資源を活用した6次産業化による商品開発では、これら両者による複眼的で柔軟な思考が必要になってくる。例えば、作り手には、商品価値として原材料となる農林水産物の素性や味の良さだけでなく、地域の自然や風土、文化、作り手のこだわりや思いを商品開発のコンセプトに込めて、ストーリー化することで顧客の共感を得ることも重要であり、商品の持つ価値を第三者に伝えるコミュニケーション能力も求められてくる。

また、６次産業化関連施策が行われることで、全国各地で地域商品の開発が行われ、類似商品も多くなっていると考えられ、大手メーカーが手掛ける商品との差別化戦略も含めて、厳しい競争環境のもとで新商品・新事業・新サービスの企画や事業の継続性を求めるうえでは、販路の確保やマーケティングを含めた商品開発、事業化に向けた専門知識や技術を習得するなどの学習の機会や人材育成のための連携体制[6)]を地域のなかで構築していくことが重要になってくると考えられる。

３．６次産業化の人材育成に向けた教育機関の取り組み

６次産業化を目指した地域商品の開発や販路開拓においては、様々な支援機関との連携やネットワークが欠かせない。農家が商品開発と販路開拓を進めるのは、時間の確保やその専門的なノウハウや経験の不足などがあり、闇雲に取り組んだとしても長続きはしない。そのためにはプレイヤー自ら学習して知識や技術・技能を高めると同時に、様々な人脈を形成してネットワーク力を高めることが必要である。また、支援機関を上手に活用しつつ、コーディネーター人材とのネットワーク形成が重要である。

東京農業大学北海道オホーツクキャンパスでは、地域資源を活用した商品開発の課題として指摘されている人材の不足といった課題に対して、教育機関として取り組んできた活動実績を紹介しておきたい。

(1) オホーツクものづくり・ビジネス地域創成塾の取り組み

東京農業大学北海道オホーツクキャンパス（生物産業学部）では、人間に有用な生物資源の生産・開発に係わる産業を生物産業（Bio-Industry）と捉え、生物生産のみならず、それらの加工や消費などの生物資源の利用に係わる関連産業（１次産業・２次産業・３次産業）をも研究領域にとして、自然

科学（技術系）と社会科学（経営経済系）の両面を研究シーズとして地域産業と密着した教育・研究を行っている。

一方、北海道のオホーツク地域は農業・林業・漁業などの一次産業を基盤に食品加工業や観光業が展開しているが、生物資源の“原料供給基地”の性格が強く、高次加工分野の基盤が弱いことから、人口減少も進み、新たな雇用の確保が網走市をはじめとする産業振興の課題であった。東京農業大学北海道オホーツクキャンパスが立地する網走市では地域素材を活用した商品開発を支援するために「事業化等スタートアップ支援事業」、「新製品創出支援事業」、「ものづくりフォローアップ支援事業」、「新製品等プロモーション支援事業」など、新商品開発のフェーズ段階に応じた各種支援を行っていたが、東京農業大学が行う人材育成事業と有機的にリンクさせることによって、効果的でクオリティの高い商品化や新事業創出につなげられるとして、「潜在的地域資源を創造的に活用するリーダー的人材育成計画」といった地域再生計画をつくりあげた。すなわち、そうした網走市やオホーツク地域が抱える地域課題を解決するために、オホーツク地域の地域資源を利用した高付加価値型の新商品開発や起業化・事業化を促進し、同業種連携・異業種連携の強化、新産業創出、雇用の拡大につなげ、高品質な地域ブランド商品づくりから産業振興や地域再生を実現することのできる、地域のリーダー人材を育成することを目的として東京農業大学との共同申請により文部科学省「地域再生人材創出拠点の形成」[7)] 事業（2009 ～ 2013年）に採択され、地域の事業者を対象とした人材養成プログラム「オホーツクものづくり・ビジネス地域創成塾（以下、創成塾）」を大学と共に開講した。

この創成塾は2010年度から第１期生を受け入れ、文科省の補助事業が終了した後も継続的に人材養成に取り組み、ほぼ10年間にわたり第10期生まで人材の輩出を行った。既にこれまで延べ128名が修了生として輩出され、新商品開発60商品、新事業15事業の実績を上げてきた（**表1-1**）。

現段階は、農家が加工・販売施設を設置し、スモールビジネスとしての出発段階のものから、製造業で新たな製造ラインを導入して雇用を生み出して

表 1-1　東京農業大学「創成塾」受講生・修了生による新商品開発・新事業の成果

受講生の属性	修了生数（1-10 期）	新商品開発	新事業	ビジネスモデルの具体像
第１次産業（主に農業・酪農業、漁業）	36 名	16 商品	7 事業	生産－加工－直営店による６次産業化
第２次産業（主に食品製造業、醸造業、乳製品製造業、水産加工業）	21 名	19 商品	1 事業	地域の一次産品の付加価値を高めた新商品開発
第３次産業（主に飲食店、サービス業、福祉、公務員、農業改良普及センター）	71 名	25 商品	7 事業	地域や受講生の一次産品、２次産品を活用した新メニュー開発、新サービス、新商品開発
	128 名	60 商品	15 事業	

資料：東京農業大学「オホーツクものづくり・ビジネス地域創成塾」の内部資料（2020 年３月時点）より作成。
注：修了生数には、複数回にわたって受講した修了生を含んだ延べ人数である。

いる事例までも存在する。この事業の目的は地域資源を活用した新商品開発・新事業を担うプレイヤー育成でもあるが、同時にコーディネーター育成の性格も持っている。

創成塾の修了生の年齢層は50代、40代、30代の順に多い。職種別では農業が最も多く、40代～50代の女性が多い。とくに子育てが一段落した農家の母世代によるが活躍している。その他には食品製造業、飲食店が多い。また、行政などの公務員やJA・商工会議所や金融機関、農業改良普及センターからの修了生も存在する。幅広い業種にわたることで様々な人脈が形成され、修了生同士の取引関係や金融機関からの融資、行政からの補助金獲得などの実績も存在する。また、その多くは網走市を中心とするオホーツク管内から通っているが、なかには札幌圏や函館圏からも通った修了生もいた。

（2）実践的プログラムで商品力や提案力を磨く

創成塾のプログラムは、主に東京農業大学の教員による座学や実習の他、地域で活躍している中小企業経営者、６次産業化の先駆者、６次産業化プランナー、金融機関等から外部講師を招いて実践的なノウハウを提供したが、受講生や地域のニーズを踏まえ、改善が行われてきた。商品開発や新サービスの提供を通じて新たなビジネスプランを実際に作成し、最終的には成果報告会でプレゼンテーション（試食会を含む）を実施して、修了判定を行っている。そこでは審査委員として小泉武夫氏（東京農業大学名誉教授）をはじめ、学内の運営委員、企業経営者、バイヤー、金融機関や行政の担当者の方々に、プレゼンテーションと試食会の評価をしていただき、ビジネスプランの評価（市場分析、資金計画、独自性・新規性、将来性、雇用拡大の可能性）に加えて、事業の5カ年計画や資金計画なども評価の対象となっている。実際に商談会に参加したり、イベント等でのモニタリング調査の結果なども踏まえ、事業としての将来性や販路拡大の可能性を評価する実践的な内容となっている。こうしたプレゼンテーション能力を磨くことで、商品力を高め、説得力ある事業の提案力を身に付けることで、商談の成約件数を上げ、販路拡大につなげている(有名百貨店のギフト商品に採用された実績も存在する)。

10年間における人材育成と新商品開発、新事業の成果は大きく、なかには道の駅の定番商品や地域のブランド商品になったり、ミラノ万博に採用されるなど大きな成果も見られる。また、農家が商品開発から加工施設の設置、カフェの設置に展開するなどの六次産業化としての成果も見られた。

また、「NPO法人創成塾」といった修了生の活動を支援する組織体が作られており、様々な学習活動を企画したり、地域の道の駅で販売ブースを設けるなど、地域のネットワークを活用しながら自主的に商品・サービスの磨き上げを行っており、事業継続性にも影響を及ぼしたと考えられる。

注記

1）今村奈良臣「農業の第六次産業化のすすめ」『公庫月報』農林漁業金融公庫、1997年10月を参照のこと。
2）本橋修二氏は、農村地域の加工活動の実態を5つに類型化し、①農家自給型、②地域自給向上型、③農業経営向上型、④地域農業振興型、⑤地域食品産業展開型に整理して、自給的段階から企業的段階まで経営組織の発展段階として捉えている。
3）本橋修二「農村加工と地域形成」『地域資源活用食品加工総覧』農山漁村文化

協会、2001年、pp.53-56を参照のこと。）槇平龍宏「地域農業・農村の『６次産業化』とその新展開」小田切徳美編著『農山村再生の実践』農山漁村文化協会、2011年、pp.70-95を参照のこと。

4）総務省行政評価局「農業の６次産業化の取組に関するアンケート調査」結果報告書、2019年３月を参照のこと。本調査は総務省が、「2015年農林業センサス」で農業生産関連事業を行っている農業経営体や総合化事業計画の認定を受けた認定総合化事業者等を中心に8,840件に発送して、5,572件の回答（回収率63％）を得たものとなっている。

5）室屋有宏氏は、地域における６次産業化の差別化について「模倣が難しい本物のストーリーやブランド力を獲得し、その結果として所得向上につながる経路が基本」で「経済的評価を唯一の基準にするのではなく、出来るだけ地域にある知識や人材等を積極的に掘起し活かすプロセスが、結果的に商品の差別化につながる」ことが多いとしている。室屋有宏「六次産業化の歴史的展望―「農業の成長産業化論」を超えて―」戦後日本の食料・農業・農村編集委員会編『食料・農業・農村の六次産業化』農林統計協会、2018年、pp.509-531のp527より引用。

6）室屋有宏氏も「さまざまな産業や団体、市民などと経営資源を持ち寄り地域一体で、地域資源を掘り起こし、磨きあげ産業を創出していく態勢づくりが必要」と述べている。室屋有宏「前掲論文」p.528より引用。

7）2006年度から文部科学省が実施した補助事業であり、大学等が有する個性・特色を活かし、将来的な地域産業の活性化や地域の社会ニーズの解決に向け、地元で活躍し、地域の活性化に貢献し得る人材の育成を行うため、地域の大学等が地元の自治体との連携により、科学技術を活用して地域に貢献する優秀な人材を輩出する「地域の知の拠点」を形成し、地方分散型の多様な人材を創出するシステムを構築しようとした。

第2章

6次産業化と商品企画・開発の手順

菅原　優

1．商品企画・開発における生産・消費の複眼的志向

（1）活発化する6次産業化に求められる事業支援

「地域資源を活用した農林漁業者等による新事業の創出等及び地域の農林水産物の利用促進に関する法律」いわゆる「六次産業化・地産地消法」が2011年3月に施行された。

これにより、総合化事業計画の認定、6次産業化プランナーの派遣や6次産業化ネットワーク活動交付金、農林漁業成長産業化ファンド等、様々な政府の支援策が打ち出されたこともあり、6次産業化に取り組む農林漁業者等は増加した。こうした農林漁業者等が事業主体となって行う総合化事業計画は、申請して農林水産省に認定されれば、6次産業化プランナーによるサポートや融資・補助金などの資金援助が受けられやすい等のメリットがある。この総合化事業計画には、事業計画や販売方法、販売数量や単価設定、収支計画や資金調達の方法などを具体的に描き、経営改善効果が上がるようなビジネスプランを作ることが必要となっている。

農林水産省によれば、農林漁業者等の活動をサポートする6次産業化プランナーの登録者数は、2015年12月31日時点で都道府県サポートセンター771名、中央サポートセンター239名となっており、2015年度第2四半期の派遣実績は、都道府県サポートセンターが4,346件、中央サポートセンターが758件となっている。このうち、派遣理由として多い項目の上位3つを見てみると、都道府県サポートセンターでは「新商品企画」25%、「新商品の販路開

拓」24%、「新商品の商品設計」21%、中央サポートセンターでは「新商品の販路開拓」40%、「新商品企画」30%、「ブランディング」23%の順に多い。

つまりは全国的には6次産業化への取り組みが「農産物の加工」や「農産物直売所」を中心として活発化しているが、6次産業化に取り組む農林漁業者等をサポートする人材としての6次産業化プランナーは、新商品の開発とその販路開拓に対するサポートができて一人前と言ってよい。

(2) 顧客のニーズをつかみ生き残る商品企画を

6次産業化の基本は、農林漁業者等が自ら生産する農林水産物等を原材料として加工を行い、商品をつくって販売・サービスをすることであり、事業の主体や価格決定権が農林漁業者にあることが決定的に重要である。しかし、元々は農業経営の事業多角化とも言われ、農業経営の改善を伴うこうした取り組みは、従来、生産活動に専念し販売等をJAに委託してきた農家経営にとっては、加工・販売に伴う新たな投資を自ら行うことは、同時に様々な経営リスクを抱えることでもある。商品取引における代金回収は基本であるが、そもそも「売れる商品」として本当に消費者が買ってくれて、投資の回収や拡大再生産など経営発展に繋がる芽を持っているかどうかの見極めは、生産者にとっては簡単なことではない。そこで6次産業化プランナーとの協働、コミュニケーションが重要になってくる。

また、こうした農業経営の事業多角化の成果は、短期的に得られるものではなく、農商工連携と言われる商工業者との連携や取引も重要なプロセスであり、中長期的な視点で農業経営の改善を考えていかなければならない。

いずれにしても「売れる商品」開発を手掛ける際には、経営学におけるマーケティングや商品企画の知識を活用しながら、顧客のニーズにあった“ものづくり”を行うことが肝要である。現在、全国各地で地域活性化を目的とした地域資源を活用した“ものづくり”が活発化しており、類似商品が登場することで競争条件もより厳しいものになってくる。生き残りのためには、競合他社商品との差別化戦略が重要になってくる。

（3）プロダクト・アウトとマーケット・インの複眼的思考

“ものづくり”をするうえで、プロダクト・アウト（Product out）とマーケット・イン（Market in）の考え方がある。前者は、生産や商品開発を行ううえで、「作り手が良いと思うものを売る」「作ったものを売る」という考え方に基づいたもので、従来から農家による農産加工活動や一村一品運動に多い手法であったと考えられる。それに対して、後者は消費者ニーズを優先し、顧客視点で商品の企画・開発を行う考えで「顧客が望むもの」「売れるものだけをつくり、提供する」といった考え方に基づくもので、一般企業の商品開発における開発手法に多いものである。地域の農林水産資源を活用した六次産業化による商品開発では、これら両者による複眼的な思考が必要になってくる。

例えば、作り手には、原材料となる農林水産物の素性や味の良さのみならず、地域の自然や風土、文化、作り手のこだわりや思いを商品開発のコンセプトに込めて、ストーリー化（物語化）することで顧客の共感を得ることも重要であり、プロダクト・アウトの要素は必要である。そのためには商品の持つ価値を第三者に伝えるコミュニケーション能力が求められてくる。

また、現在の消費者の購買行動は多様化しており、自分の価値観やライフスタイルにあったこだわりの分野には多少高くてもお金を使うが、それ以外のものはできるだけ安価な商品を選ぶという「消費の二極化」が指摘されている。

そこで、商品開発にはどんな消費者が、どんな生活シーンで、どのような便益（Benefit）を感じられる商品であるのか、といったマーケット・インの要素が必要になる。つまりは、開発商品のターゲットとなる顧客イメージ、商品が使用される生活場面、どのように役立つものなのかを考えて、商品コンセプトに描いていく作業で、マーケティング能力が求められてくる。

これら両者のバランスが6次産業化による地域商品の企画・開発[1)]には重要な工程になってくるのである。

２.「商品コンセプト」の重要性

（1）客の問題を解決する製品にこそ「価値」

顧客のニーズに合った“ものづくり”が求められているが、ニーズとは、生活のなかで不足したものを求める漠然とした衝動、隠れた（潜在的な）欲求のことである。ニーズを明らかにするためには、シーズとウォンツを探る必要がある。シーズは、自社が持っている何らかの強み、差別化可能なリソース（資源や要素）であり、ウォンツは、具体的（潜在的）なニーズを満たすものである。

アメリカの経営学者でマーケティング論が専門のP. コトラー氏は、「製品は便益の束である」と言っている。すなわち、消費者の問題を解決するのが「便益の束」であり、消費者に提供する「価値」であると言っている。商品開発を行ううえでは、これらの関係性を理解しておくことが必要である。

本節では、地域資源を活用した商品企画・開発を行ううえで、重要となる商品コンセプトの重要性について解説を行う。

（2）地域資源活用の希少性と原価高

全国各地には豊富な農林水産物が存在し、潜在的な地域資源が存在しているが、課題となるのはそれらの地域資源を活用した商品企画・開発とその販路開拓である。商品企画・開発と言っても、地域の生産者や中小企業者は、一般的には大企業に比べて資本力に乏しく、経営資源（ヒト・モノ・カネ・情報など）や技術、ノウハウが不足しがちである。

また、販路開拓は生産するよりも何十倍も苦労すると言われている。一般的に商品にも“商品寿命”が存在すると言われているが、スーパーやコンビニエンスストアなどにおいても、商品棚の商品は定期的に新商品やリニューアルされた商品が並んでいる。ある東京都内の卸売業者の言葉を借りれば、「売れ続ける商品はセンイチ（1,000分の１）」だと言うくらい熾烈な競争である。

一方、地域資源を活用した商品開発の課題は、大量に安定供給することが難しかったり、希少性が付加価値になる一方で、製造原価が高くなる傾向があるなど、独自の課題[2]を抱えている。それでも、それぞれの地域で「この地域でしか生産されていない」、「安全・安心にこだわった丁寧なものづくり」、「健康に良い」等といった素材原料や副原料の希少性や品質、食味や鮮度、製法などを強みとしてきたが、これらだけでは多様化する消費者ニーズを満たしきれなくなってきているのではなかろうか。

そこで、商品コンセプトをしっかりと考え、そこからネーミング、パッケージ、デザイン、ストーリー性といった消費者の感性や心理に訴えかける一体感があってオリジナル性のある商品企画の設計と商品開発能力が求められてくる。そのためにはマーケティング力を強化することが求められ、消費者ニーズや事業者の市場ニーズといったものを十分に把握する必要がある。

（3）顧客ニーズを知ることから始まる商品開発

食料品業界における開発手順[3]は、概ね①商品コンセプトを検討する開発段階、②試作品製造と評価を行う段階、③量産化を検討する段階、④製造を決定する段階、⑤テスト販売による市場評価を行う段階、⑥本生産・販売を開始する段階、に分類することができる。生産者が行う農産加工や地域資源を活用した商品開発においても、基本的な手順は一緒と考えてよい。

このうち最も重要になってくるのが、①商品コンセプトの検討を行う開発段階である。

まず、「何を作ってどこへ売るのか（誰が買ってくれるのか）」、商品開発の目的を定め、**表2-1**に示すような様々な情報[4]を収集しながら、食生活の周辺情報や類似商品の市場動向（競合の有無）、成長食品分野（トレンド）、特許情報などを収集しておくことが、今後の開発戦略にも活かされてくる。

例えば、日本政策金融公庫では、「食の志向調査」を実施しており、2015年度下半期消費者動向調査として結果を公表しているが、食の志向は、「健康志向」が41.7％と最大で、「経済性志向」の36.4％、「簡便化志向」の

表2-1　食品開発の情報源

①消費者情報	社会の動向、食生活の実態、外食メニューの傾向、調理器、料理雑誌のメニュー傾向、消費者の声（関連商品に対する満足度、提案・クレーム、創意工夫）
②業界・他社情報	既存マーケットの大きな商品、成長前期にある商品、強力な競合が参入していない商品、他社のヒット商品、他社の開発傾向
③流通からの情報	量販店、CVS・卸店などからの購買情報、量販店・CVS・卸店などの販売施策、新流通チャネルの形成
④その他の外部情報	輸入食品の動向、海外新製品情報、原材料業者の意見、料理の専門家などコンサルタントの意見、電気調理器具メーカーの意見
⑤現行事業の周辺情報	既存の周辺商品、ブランドの活用、研究開発の成果の活用、流通・物流チャネルの活用、原料の活用、技術の活用、設備の活用、要員の活用、過去の開発品の活用、既存品コンセプトの組み合わせ・分離
⑥技術に関する情報	新素材・新原料・新包材の情報、新技術・新生産プロセスの情報、自社技術ポテンシャルへの着目

資料：岩田直樹『食品開発の進め方』幸書房、2002年を参考に作成。

31.2％がそれに続いている。また、「割高でも国産品を選ぶ」消費者が6割以上存在するなどの結果が得られている。

この段階は、頭のなかに浮かんできた開発商品のイメージを記述して可視化するなどして、アイデアを膨らませたり、固めたりを繰り返すブレイン・ストーミングを行う段階でもある。

まず、どのような資源（原材料と素材）を用いて何を製造し、販売するのか。それがどのような商品・製品・サービスであるのか（どの様な技術や製法を用いるのか、どの様な容器・包装にするのか）。商品・製品・サービスを提供しようとする顧客ターゲット（想定顧客、性別、年齢）の絞り込み。顧客に対してどの様な用途・便益（利用するシーンの創造・価値）を持つものであるか、顧客ニーズを知ることから商品開発は始まると言っても過言ではない。その意味では、商品開発（入口）と販売戦略（出口）は同時進行で考えなければならないだろう。

作り手が持つシーズと買い手（消費者）のニーズに合った開発商品のスタイルを検討し、開発商品がいかなる価値を有するものであるか、具体化することによって商品コンセプトのイメージを形成することができる。

（4）原案が決まれば材料や包装を具体化

次に、商品コンセプトの原案が決まってくれば、以下の項目[5)]について、さらに具体化をすることにより、商品そのもののカタチが決まっていく。すなわち、商品コンセプトの役割は、アイデアや企画の考え方に方向性を与えるものであり、優れたコンセプトは、他との差別化・優位性をアピールすることができ、新しい商品やサービスを生み出す源泉にもなっていくのである。

①原材料の選定（規格外品の利用、未利用資源の有効活用等）、②製造方法の選定（こだわりの製法、新技術等）、③製造箇所の選定（自社生産か外部委託か）、④製品企画の決定（顧客にとってどのような品質、価値を持つものか）、⑤パッケージ・包装形態の決定（デザイン開発、ガラス・プラスチック・ポリエチレン等）、⑥流通温度帯の決定（常温、チルド流通、冷凍等）、⑦生産コストの概算（容量と価格のバランス）、⑧ネーミングの決定（キャッチコピーや商品ストーリーの反映）、⑨プロモーション開発（PR・広告表現広告物の制作）、⑩販売ルートの決定（販売・流通チャネルの検討）

（5）買い手が共感するストーリー性

従来の“ものづくり”では、農産物はJAや卸売市場への出荷、流通業者や商社を通じて小売業者を経て商品社に商品が届けられている。つまり、マス・マーケットでは大きなロットで安定期に原材料や商品を供給することが求められていた。

しかし、日本は生産年齢人口の減少や高齢化社会など、大きな社会の変化を迎えつつある。そこには多様な社会的な問題が存在し、それらの問題解決が商品開発に求められてくる。そこで買い手にとって魅力的な商品であるか、共感できるストーリー性やメッセージ性を発信するための商品コンセプトの確立が求められる。

３．経済的価値のみならず社会的価値が大きい地域商品

（1）経済・効率性以外の価値を表現する

商品には、一般的に全国的に流通している大手製造業のナショナルブランド（NB）商品や卸売業者・小売業者などが自ら企画するプライベートブランド（PB）商品、地域の生産者や中小企業が製造する地域商品に大別することが出来る。NB商品やPB商品はどちらかというと、大量生産・低価格であるのに対して、地域商品は少量生産・高価格となりがちである。地域商品はいわゆる小ロットによる生産が主流であり製造原価が高くなり、販売単価に反映されるため、高価格となってしまい価格競争力に劣る。しかし、製造原価に適正な利益を見込んだ価格設定は、持続的な事業展開をする上では必要不可欠な条件である。

地域商品には経済性・効率性だけでは評価しえない価値をどう表現するかが、課題であるが、買い手側が共感できるような商品コンセプトやストーリー性が重要になってくる。

そう考えると、これまでの農商工連携や農業・農村の６次産業化による地域商品の開発は、それぞれの地域における食資源を活かし、多様な主体（生産者・加工業者・流通業者・小売業者・消費者）が協働する過程でもあり、それは商品開発を通じた作り手側（売り手側）と買い手側（消費者）のコミュニケーション関係の構築と表現することもできる。

本節は、商品企画・開発をするうえでの基本分析による“作り手側の強み（価値）”を活かしつつ、買い手側が共感できる地域商品のストーリー性について掘り下げてみたい。

（2）自社、競合、顧客の３分析で強みを知る

まずは自身（自社）が企画・開発する商品の分析[6)]が必要であり、素材となる原材料の特徴を定性的、定量的に把握することから始まる。原材料が持つ特性や栽培する行程に特徴があるか。季節性や生産量などの変動要因を

把握する。また、素材が持つ食味の特徴や健康機能性の有無、地域の歴史や生活・文化との関係性である。いわゆる自社（Company）分析に相当するものであり、ヒト・モノ・カネといった経営資源の把握や売上・利益・コストなどの経営状況まで含めて客観的に分析しておく必要がある。

さらには企画・開発する商品の競争環境の分析が必要である。いわゆる競合（Competitor）分析であり、競合相手の情報や産地情報、市場規模などの把握である。

そして企画・開発する商品を購入する顧客（Customer）分析の分析であり、潜在的な販売量を把握するためのものである。そもそも市場ニーズや顧客ニーズが存在するかどうか、顧客の購入行動が想定されるかどうか、生活シーンが想像できるかどうかが、鍵となる。

これらは自社（Company）、競合（Competitor）、顧客（Customer）の3つの頭文字をとって3C分析と言われている。つまりは企画・開発する商品を取り巻く様々な環境分析と販売ターゲットにつながる顧客イメージを具体化するための分析方法で、差別化・優位性をもたらす“作り手側の強み（価値）”を明らかにするものに繋がっていく。これらは自身（自社）の課題を発見すると同時に成功要因を導き出す際にも有効的である。

（3）こだわりを整理し、共感を得られる外装デザインにする

地域の道の駅や直売所などで販売している地域商品のパッケージやデザインは日々工夫がされているが、必ずと言っていいほど、その商品の特性やキャッチコピーが表示されている。こうした商品特性やキャッチコピーは、シンプルでコンパクトに表現できることがベストであるが、作り手側の想いやこだわりなどをどうストーリーとして“価値付け”をして表現するかがポイントになる。

商品ストーリーの基本的類型[7)]を**表2-2**で示したが、①原材料こだわり型（原材料のすばらしさや希少性を重視、栽培・農法などを重視）、②加工・製法こだわり型（製法や技術に関するこだわりを重視）、③郷土料理由来型

表 2-2　商品ストーリーの基本類型

ストーリー類型	訴求内容
原材料こだわり型	・原材料のすばらしさや希少性を重視 ・栽培・農法などを重視
加工・製法こだわり型	・製法や技術に関するこだわりを重視
郷土料理由来型	・地域の伝統的料理や郷土料理から発想
地域文化・生活型	・地域の歴史、生活様式、文化などから発想
健康応援型	・地域の生産物の健康機能に着目

資料：鳥巣研二『よくわかる加工特産品のつくり方、売り方』（出版文化社、2011 年）を参考に作成。

（地域の伝統的料理や郷土料理から発想）、④地域文化・生活型（地域の歴史、生活様式、文化などから発想）、⑤健康応援型（地域の生産物の健康機能に着目）に整理することができる。原材料や素材の希少性・希少価値、有機農業などの栽培方法のこだわり、地域の風土や歴史、気候に基づく製法や加工技術などである。

これらのうち、いくつかの組み合わせのパターンも想定されるが、“作り手側の強み（価値）”を活かしつつ、消費者が求めるニーズとの合致が重要となる。例えば、食味や鮮度といった品質面、栄養価などの機能、添加物の有無や安心・安全性など、その商品を通じて消費者の生活を豊かにするといった商品の価値（魅力）をストーリーとして形成できるかどうかが重要となる。

すなわち、作り手側（売り手側）のこだわりを伝えるとともに、買い手側（消費者）の顧客イメージ、顧客に伝えたいストーリーは何か、ということを整理することで、買い手側の共感を得られるような効果的なキャッチコピーやパッケージデザインづくりに繋がっていくのである。

また、パッケージデザインのみならず、地域商品の売り方や届け方には様々なツールが存在する。パンフレット、ホームページ、ソーシャルメディア（SNS等）など、作り手側の想いや考えを適切に伝える仕掛けも重要である。新聞や情報誌を独自に発行するなど、消費者とのコミュニケーションを形成・維持し、リピーターに繋げる仕掛けが重要なのある。

（4）地域全体の活性化や問題解決にも貢献

冒頭ではNB商品やPB商品に対して、地域商品の特性を整理したが、経済的価値のみを追求するのであれば、地域商品は存在し得ない。地域商品には単なる売上増加だけではなく、地域全体の活性化や地域が抱える問題解決といった背景も見られ、地域内の様々な主体間連携を重視して商品開発や販路開拓に取り組んでいるケースが多く見られる。

例えば、地域商品の開発を通じて地域・地域住民の顔が見える関係づくり、地域の魅力発信・ブランド化、担い手の確保、地域への愛着や誇りの形成などといったことである。

その意味では、地域商品の価値は、経済的価値のみでは計れない大きな社会的価値が存在していると言える。

４．戦略的な地域ブランドの確立・定着

（1）買い支えるファンがいて初めて根付く

地域商品に込められたこだわりやストーリーは、買い手側の購買行動にとって決定的に重要となる。世の中は常に新商品が溢れているが、消費者が商品を手に取って購入するかどうかは、商品が持っている価値や機能性をコンパクトにインパクトある表現で伝えられているかどうかにかかっている。消費者は地域商品の持つ価値や魅力に惹かれて、試しに購入する時点では、トライアルユーザーであるが、期待通りの価値があったと認識すれば、もう一回購入しようとするリピーターになる。そうしたリピーターが、第３者にも口コミで地域商品の宣伝をしたり、ストーリーや価値を語り出したとしたら、単なるリピーターからファンとして応援してくれる存在になるのである。現在は、SNS等のコミュニケーション・ツールが発達しているのでそれらを活用することも必要である。地域商品は爆発的なヒットを生み出すのは難しいが、地域で一定量、買い支えてくれるファンの存在があってこそ、地域に

根付いた“地域ブランド商品”になっていくのではないだろうか。

本節は、地域商品のブランド化や地域ブランドの確立に向けた課題について掘り下げてみたい。

（2）地域イメージ高め経済活性の好循環へ

これまで全国では、それぞれの地域の気候風土を活かした特産品づくりが行われ、主産地形成が行われてきたが、激しい産地間競争や国際競争が予測されるなか、それぞれの産地が生き残りを図るうえで、他商品との差別化を図る必要性や消費者からの信頼性をより高める必要性から、地域ブランドへの取り組みが盛んになってきている。

ブランド（burned）の語源は、欧米等で飼い主が自分の牛に押した焼き印（burn）から、他の牛と識別をしていたことに由来する。ブランドにはそうした他との識別をする機能や品質を保証する機能が備わっている。すなわち、ブランド品には、他の商品より優れた高品質な商品であること、信頼性の高い商品であることを保証する役割がある。

経済産業省では、地域ブランド化のプロセスを、「①地域発の商品・サービスのブランド化と、②地域イメージのブランド化を結び付け、好循環を生み出し、地域外の資金・人材を呼び込むという持続的な地域経済の活性化を図ること」[8)]と定義している。すなわち、その地域から生まれた商品やサービスを「地域ブランド商品」として価値を高めると同時に、その地域が持つイメージを高めることによって「地域ブランド」として確立させることによって、地域経済が活性化し、住民の地域への愛着が高まることが期待されていると言えよう。

（3）差別化し適正価格に商標権で保護

地域ブランド化の取り組みには、地域経済を活性化させるという大きな目的があるが、地域商品を生産・販売する作り手にとっては、消費者への訴求力向上や他商品との差別化を図ることに繋がる。他の地域や産地では真似のできないようなオリジナリティを有することができれば、市場におけるポジションを確立することにつながり、有利販売につなげること可能になる。

また、消費者が地域商品の持つ付加価値や魅力を認識し、他の地域商品との違いを識別してくれて、明確な差別化ができれば、値引き販売といった価格競争に巻き込まれることなく、適正な価格水準で販売することが可能になる。これらは長期的な視点からすると、ロイヤルティ（忠誠心）の高い顧客を確保することにつながり、売上高の安定や利益率の向上を図ることにつながることが期待されている。

さらには商標権を取得することによる地域商品の保護にもつながる。地域特産の農作物などにブランドを付けて生産・販売などを行う場合に、他人に勝手に使用されるのを防ぐために、商標権を取得することが有効であるとして、2006年に特許庁による「地域団体商標制度」が導入され、地域ブランドを商標権として適切に保護することが可能になっている。因みに2014年からは事業協同組合に加えて、商工会、商工会議所、特定非営利活動法人（NPO法人）やこれらに相当する外国の法人も出願することが可能となった。

（4）品質や地域関連性の基準クリアを怠らない

地域ブランドは確立すれば、それでよいというわけではなく、継続的なブランド管理[9)]を行っていくことが必要である。

第1に地域商品そのものが持っている価値を維持することである。例えば、原料となる素材の品質や製法に一定の基準が設けられており、それらの基準がクリアできていることであり、消費者からの信頼を裏切らない適切なブランド管理が行われていることである。

第2に地域商品が地域の自然や歴史、風土、文化などとの関連性があり、地域の人たちに愛着が持たれていることである。例えば、地域の歴史や文化との関連性が希薄であったり、地元地域での認知度が低い場合には、地域ブランド商品に相応しいものとは言えない。

第3に地域商品の価値や地域との関連性を買い手側に伝えるための情報が

パッケージデザインなどに反映されるなど、販売方法が工夫されていることである。例えば、前節で取り上げた商品ストーリー等の情報が適切に盛り込まれ、デザインされていることである。

このためには、地域全体として地域ブランドを推進するための地域組織やプロジェクトをつくりあげ、戦略を策定しながら、商品開発から販路開拓、知財管理、ブランド・コミュニケーションまでを視野に入れた展開を、地域の関係者が一体となって行っていくことが重要となる。

とくに消費者とのブランド・コミュニケーションは重要で、地域商品が持つ価値や魅力といったものを単なる宣伝や広報という手法だけではなく、消費者と対話を重ねながら、消費者のロイヤルティ（忠誠心）を高めることが重要となる。例えば、地域商品に対する消費者の好感度や満足度といった評価に関する情報を収集したり、それらを効果的に情報発信することなどが考えられる。

（5）適切な管理で消費者評価を高める

これまで地域ブランドの確立に向けて、地域商品を生産・販売する作り手や産地を中心とした取り組みについて述べてきたが、最終的に地域ブランドの評価を行うのは、あくまで消費者側であることを認識する必要がある。

地域の特性と地域の農産物や食材が持つ高い品質と地域企業の製造技術がうまく融合された場合、高品質の地域商品が誕生し、それらのブランド管理を適切に行うことで、消費者からの評価や支持を高めることにつながり、結果として「地域ブランド」として確立・定着することにつながっていくのである。

そのためには、地域一丸となって地域ブランド戦略を構築するためのプロジェクトを立ち上げ、地域商品のブランド化と地域全体のイメージ戦略を通じて、消費者との信頼関係を深め、消費者の共感力に基づいた持続的な地域商品のファンづくりに取り組んでいくことが重要である。

５．マーケティングと身の丈に合った販路開拓

（1）資源量や設備に限り需要増への対応困難

かつての日本の製造業は、大量生産と大量販売、マスメディアを用いた広告の大量投入を前提とし、市場の成長期にマーケットリーダー（ある市場で最大のシェアを持つ企業）が用いる手法としてマス・マーケティングが有効であった。しかし、消費者の価値観や消費者ニーズが多様化し、流行や製品のライフサイクルも短くなっている現代においては、従来のマス・マーケティングでは、特定のニーズに応えきれない場合がある。

これまで、地域資源を活用した地域商品は、使用する資源量が豊富ではなく、製造設備にも限りがあるため、製造コストが高くなり、供給量も制限されるという問題を抱えている。そのため、需要の拡大に応じて他地域からも原材料を入手し、大ロットで製造できる地域外の加工業者に委託して商品を供給するというケースもあるが、それでは地域資源の付加価値を高めたことにはならないだろう。

その意味でも、地域商品の開発において、身の丈に合った販路開拓を想定した「ものづくり」と将来ビジョンが重要であり、マーケティングの基礎知識が必要になってくるだろう。販路開拓を進めるにあたっては、試食会の企画や試験販売を行うための地域イベントへの出店、または販売チャネルとの接点づくりに繋がる展示会や商談会への参加によって、流通関係者とのネットワークを構築することが重要になってくるだろう。

本節は、マーケティングの基礎と販路開拓の関係を述べていきたい。

（2）標的市場を設定し戦略を立てる

そもそもマーケティングについては、日本マーケティング協会が以下のような定義を行っている。「マーケティングとは、企業および他の組織がグローバルな視野に立ち、顧客との相互理解を得ながら、公正な競争を通じて行う市場創造のための総合的活動である」。

顧客がある企業の商品・サービスに価値を感じれば、その商品・サービスの価値を表す貨幣（額）とその商品を交換（購入）することになるが、マーケティングの役割は顧客に対して、その商品・サービスがお金を払うにふさわしい価値であるかどうかを感じさせることにある。その意味では、マーケティングは、販売方法だけではなく、商品コンセプトの開発から販売までの一連の流れ全てにおいて関わってくる。

すなわち、顧客が求めている商品が作れたとしても、顧客に商品の価値を伝えるための広告や宣伝方法、販売方法などを決めるのもマーケティングの領域であり、顧客との価値の交換にかかわる全ての活動のことを指している。

また、先に述べたように、消費者の価値観や消費者ニーズが多様化している現代においては、企業が経営目標を達成する上で、従来のマス・マーケティングからどの市場を狙い、どのような立ち位置で市場にアピールするかが最も効果的なのかを決定するマーケティング戦略が必要になってきている。

こうしたマーケティング戦略は、①市場機会の分析、②標的市場の設定、③マーケティングミックス戦略の開発、④マーケティング活動の管理、といったプロセス[10]に大別することができる。

①市場機会の分析では、自社の経営環境や外部環境の分析（SWOT分析など）を行って、自社の経営資源を効果的に活用できる商品市場がどこか、といった分析を行い、想定される商品の経営目標（売上目標、利益目標、マーケットシェアなど）を具体的に設定してマーケティング目標を定める。SWOT分析は、企業が戦略を立案する際に、自社の強み（strengths）、弱み（weaknesses）、機会（opportunities）、脅威（threats）を体系的に評価するための分析枠組みであり、マーケティング戦略立案の初期段階においてマーケティング環境を把握し、事業機会を認識するために行われる。SWOT分析の方法については、次節で改めて解説する。

②標的市場の設定では、先に設定した経営目標を達成するための市場を具体的に選定するために市場細分化（セグメンテーション）を行って市場範囲を設定した後に、細分化された市場において、どの商品をどの市場に投入す

るか、標的を定める標的市場の設定（ターゲティング）を行う。そのうえで、自社と競合他社の商品市場における位置づけを明らかにして（ポジショニング）、自社の優位性を導くための知覚的なマップを作成する。

③マーケティングミックス戦略の開発では、マーケティング目標を達成するために標的市場に投入するマーケティングミックス戦略（4P）を開発し、実際の市場に投入（販売）する。具体的には、①製品戦略（Product）、②価格戦略（Price）、③流通戦略（Prace）、④販売促進戦略（Promotion）の4つである。

④マーケティング活動の管理では、販売に対する実績評価を重ね、マーケティング目標の達成に向けたプロセスのうえで、改善や検討を繰り返し、更なる商品の磨き上げを行う。

（3）製品、価格、流通、販促―4つの戦略を―

以上の一般的な商品におけるマーケティング戦略のプロセスのうち、販路開拓を具体的に行っていくうえで重要になるのがマーケティングミックス戦略の開発である。このマーケティングミックスは、マーケティング要素の適切な組み合わせを示しており、4P理論と言われる4つの基本戦略がある。具体的には、①製品戦略（Product）、②価格戦略（Price）、③流通戦略（Prace）、④販売促進戦略（Promotion）の4つである。

商品開発と販路開拓は同時進行と言われているが、こうしたマーケティングミックス戦略づくりは、地域商品の開発と販路開拓を検討するうえでも有効な手法である。

①製品戦略（Product）は、生産者が市場に提供する商品やサービスそのものの戦略であり、マーケティングミックスのなかでも重要な位置にあるが、製品そのものの価値や魅力、生産体制、開発プロセスなどが含まれている。

②価格戦略（Price）は、価格設定と管理であり、企業等がマーケティング目標の達成のために競争戦略をもとにして事業を推進する過程である。事業を推進するうえでの戦略的な価格設定をどこに定めるかといったことが含

まれている。

③流通戦略（Prace）は、流通チャネル・輸送手段・在庫管理の戦略で、企業等がマーケティング目標を達成するために、販売チャネル機能を最大限に発揮できるような物流の管理を行うことが望まれている。

④販売促進戦略（Promotion）は、消費者や流通業者などに対するマーケティング・コミュニケーション活動を示しており、広報計画や販売促進を実施するものとなっている。

（4）ターゲットを絞り込みニーズに合致させる

さて、地域資源を活用した地域商品の販路開拓においては、一般的なマーケティング戦略を応用しつつ、自らの商品を届けたい消費者像を明確化するために、ターゲットを絞り込み、それに合致した流通や販路を構築する必要がある。その際には、現存する資源量や生産・供給体制に合った販路や販売方法を検討しなければならない。例えば、百貨店とスーパー等の量販店に来る客層や求めてくる商品の品揃えは、明らかに異なる。その他にもコンビニや専門店、通信販売など、客層によって販路や販売形態は異なってくる。

また、地域内を主体にした販路開拓と首都圏を主体にした販路開拓では、方法も異なる。地域内を主体とした販路開拓では、まず商品の価値を理解・評価してもらい、共感や支援を集めるために、顔の見える市場、消費者とのつながりを広げていくことが重要となる。例えば、地元スーパー、道の駅、主要な観光施設などで、専用の売り場・ブース確保を確保したり、飲食店、学食、給食と連携して地域内レストラン・ホテルとメニュー開発を行うなど、が考えられる。これは地域内で一定量の売上をあげることのできる販路を作り、その後に地域外の販路開拓を行うといったことも想定できる。

一方、首都圏向けの販路開拓においては、地域側でも一定程度の売上の確保が見込め、首都圏での販路開拓のリスクを分散できる条件を整えていることや資源量の確保が課題となるので、継続的な取引を達成するには入念なプラン設計が必要になるだろう。首都圏における中小企業者との連携（首都圏小売業のコンセプトに適合する商材の提供）や、地方出身の経営者やシェフといったネットワークを活用して、ふるさと居酒屋・レストランと取引を行ったり、自ら売り場を持つ小売・卸業者と一緒に商品開発を行うなど、が考えられる。

以上のように、保有する資源量が限られている地域商品においては、より細やかなターゲットを絞り込んでいくことで、消費者のニーズに合致した販路を明確化することが課題となっているが、マーケティングの基本的な手法を用いることによって、身の丈に合った計画的な事業プランの構築につながる。

6．SWOT分析による自社の強みを生かした戦略

（1）市場機会の分析として位置づけ

本節は、企業分析の手法として、マーケティングのマネジメントプロセスのなかに位置付けられている市場機会の分析に位置付けられているSWOT分析[11]の方法について解説を行うが、農業経営の更なる発展や事業化・六次産業化において商品開発や新たなサービスの展開を戦略的に展開していくことが求められている今日においては、農業経営分野においても有効な経営分析の手法であろう。

（2）市場の機会、脅威など、４つの要因を書き出す

企業活動において一般的な事業部門の立ち上げや新商品の企画においては、自社の強み、商品の強みを活かし、市場機会と組み合わせていくことが重要である。**図2-1**に示したように、SWOT分析の構図は、自社の強み（strengths）、自社の弱み（weaknesses）、市場機会（opportunities）、市場脅威（threats）の４つのマトリクスからなっている。この４つのマトリクスに該当する項目を書き出し（要素出し）ていくことにより、自社の強み・弱み・市場機会（事業機会）・脅威を評価・分析をすることができる。そし

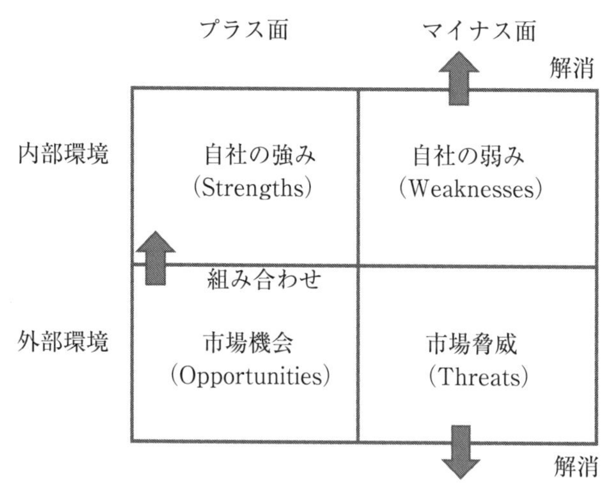

図2-1　SWOT分析の構図

て、自社の強さを活用した市場機会の確保と脅威の克服策の立案につなげることを目的としている。

まずは、内部環境として自社の経営資源を分析し、外部環境である市場環境との組み合わせで、どのような事業化や新商品の投入が望ましいのかを検討するところから始まる。

具体的には、内部環境では新たな事業展開や商品開発力、販売力の源泉になる人材や労働力、経営規模、栽培品目、設備能力、販路、栽培技術、品質、コスト、知名度・評判、ブランド力など経営資源に係わる項目について評価を行う。例えば、強みとしての他者にはできない栽培技術やノウハウといったものを活かしつつ、弱みを克服しうる可能性があるかどうかを検討する。

一方、外部環境では政治・経済、社会情勢、技術進展、法的規制、市場規模、成長性、競合他社の存在などといった項目について評価を行う。例えば、農畜産物の貿易自由化交渉の行方や輸出環境の整備状況、少子高齢化社会による食の志向、食の安全・安心を求める消費者ニーズの変化や温暖化・集中豪雨の多発などの気候変動リスク、６次産業化を巡る支援策など、様々な項目が考えられ、こうした市場環境変化に対応した環境適応能力が必要となる。

(3)「強み」を最大化する組み合わせを探す

このSWOT分析のなかでは、4つのマトリクスの各項目から、強みを最大化する機会項目を優先的に探し出し、自社の経営資源を効果的に投入するために、最小投資・最大効果と言えるような費用対効果の高い組み合わせを探していく。いわゆる「機会の最大利用」である。

最初の分析手法としては、「O←→S分析」で、市場機会（O）から強み（S）を活かせるものがないかを見る場合は、マーケット・インの商品企画アプローチになり、強み（S）から市場機会（O）を発想するとプロダクト・アウトの商品企画アプローチになる。例えば、食の安全・安心を求める消費者ニーズの高まりに対応した独自の栽培方法や低農薬の農産物を使用した加工品開発などを特定の市場に販売するといったケースはこれらに該当する。自社の経営の強みを活かして安定的な事業展開につなげていく。

そして最初の「O←→S分析」のなかで、商品企画のテーマが見つかった場合に、次はその商品企画に制約事項がないかどうかの検討を行う。「S←→T分析」では、重大な脅威（T）を強み（S）で打ち消すことができるのかどうか、といった「強みによる脅威解消」が可能かどうかを検討することができる。例えば、農畜産物の貿易自由化交渉のもとで市場開放による関税の撤廃の影響や関税撤廃の影響を受けない品目があるとすれば、その品目を増やすことで脅威の解消へつながるのかどうか。

また、「O←→W分析」といった観点からは、事業機会（O）をつかまえたいが重大な弱み（W）を抱えていないかどうか、といった観点からの分析である。弱みの改善が困難であれば、弱みの生産分野を取りやめ、新たに安定的な収益を得られる分野を開拓できないかどうか。例えば、雇用を含めた労働力の将来性に不安があるなかで、重量野菜から軽量野菜等への品目転換ができないかどうか。

さらには、自社のSWOT分析のみならず、同業他社のSWOT分析を行って比較検討をすることにも有効である。仮に自社の弱点が他社の強みになっている場合は、競合関係において非常に厳しい環境にあるため、場合によってはその事業からの撤退も検討しなければならない状況になることもある。例えば、一時的なブームで多くの企業で開始された加工食品等が最終的には数社に絞り込まれることは存在する。

（４）複数部門メンバーで会議、分析、情報共有

こうしたSWOT分析を行う際には、複数の立場のメンバーで行う会議形式が有効的である。農業経営も事業部門が多角化していくと、様々な専門スタッフが必要となってきて、生産現場の担当者と営業の担当者では、見方や考え方も変わってくる。

SWOT分析の要素出し作業は、ブレーンストーミング（集団思考による課題抽出）でもあるため、参加メンバーの考えや発言を、大きな模造紙や付箋（ポストイット）を使って可視化しつつ、情報共有することが重要となる。また、環境の変化によって、SWOT分析の内容も変化してくるので、定期的に見直しも必要となってくる。

農業の六次産業化が志向され、新たな事業化や商品・サービスの展開が期待されるなかで、SWOT分析のような企業分析手法を農業分野に応用することは有効である。いまや農業を巡る経営環境は、グローバル化のもとでめまぐるしく転換しつつあり、そうした環境変化に対応していくために経営者に求められてくるのは、経営内外の情報収集を適確に行いながら、経営判断をする能力であると考えられる。

７．販路開拓に向けた実践的な活動

（１）市場範囲の設定は広すぎず狭すぎず

本節では、地域商品の開発において、最も重要で困難を極めると言われる販路開拓に向けたターゲット顧客の絞り込みや商品コンセプトを検証するうえでの展示会・商談会等への出品の目的などについて解説を行う。

また、地域商品の開発において、従来型のプロダクト・アウトに加えてマーケット・インの考え方が重要であることを指摘したが、誰に対して、どのような売り方をしていくのかといった販売戦略は、マーケティングの領域からも最も基本的な事項である。

マーケティングにおいて、市場を細分化（セグメンテーション）して、市場範囲を設定し、どの商品をどの市場に投入するか、標的市場の設定（ターゲティング）が必要になってくるが、特定の顧客に向けてアピールすることで、商品のメリットやメッセージを伝えやすくすることができる。商品が提供する価値に対して、最も購買意欲が高いと想定される顧客を絞り込むことが必要である。

ただし、この絞り込みは、広すぎず狭すぎずに設定することが理想である。例えば、「高齢者層向けの商品」といった漠然として広すぎると、ニーズの特定がしづらくなるなり、あまりにも絞り込んで狭すぎると、市場規模が小さくなってしまい、事業を維持するだけの売上を確保できなくなってしまう。

市場の細分化（セグメンテーション）をする際には、住んでいる場所などの地理的・地域的特性や性別・年齢・所得・家族構成といった顧客の属性、多様化するライフスタイルの特性（経済性・機能性・健康志向など）、行動範囲などの特性（購入頻度など）を中心に分析しながら、ターゲットとなる対象顧客層を明確化する。

そしてターゲットとなる顧客がその商品をどのように使用するのかといった生活シーンを、１日、１週間、１ヶ月、１年という時間軸のなかで想像しながら、商品の使用シーンと購入シーンのイメージを作っていく。

例えば、「ゼリータイプの健康飲料」の使用シーンは、20代のサラリーマン男性（単身）を想定し、「寝坊したときの朝食と、昼休みに打ち合わせが入って昼抜きになった時」、購入シーンは、「朝、コンビニに立ち寄って、昼も必要になるかと思って予備に購入するもの」などといったかたちである。

また、買い手と使い手の違いを区別して考えることも重要で、子供向けの商品などは、買い手は父母や祖父母であるが、使い手は子供であったりする。

とくに財布の紐を握っているのは女性が多いということで、商品によっては買い手に女性を想定することも必要である。

（2）モニタリング調査や商談で手応え得る

商品開発と販路開拓は同時進行が求められるが、既存商品のリニューアル、既存商品の販路開拓（新規顧客の開拓）、新商品の販路開拓など、商品の開発と販路開拓には様々なケースが想定される。いずれにしても商品が顧客のニーズに合っているのかどうかの見極めは、商品コンセプトに対して、顧客が満足しているかどうか、地域のイベントでの試食会や展示会、商談会といった場で調査をしながら、常に商品のブラッシュアップ（磨き上げ）や改善を行っていくことが重要であろう。

例えば、開発途中・試作品の段階においての消費者へのモニタリング調査や流通関係のバイヤーとの商談などが想定される。

このモニタリング調査においては、想定する顧客に響く商品の魅力、すなわち商品コンセプトを検証[12)]する目的があり、アンケートやインタビュー形式で行う。アンケートやインタビューで得られた結果を分析することで、どのような客層に反応があるか、商品そのものに課題のポイントはどこかが明らかになる。何よりも、消費者やバイヤーの生の声を聞くことで、消費品に対する手応えを感じることができる。

（3）出品時はコンセプト“売り”を明確に

地域のイベントでの試食会や展示会、商談会に出品する際に準備[13)]することは、第１に商品コンセプトの明確化である。商品コンセプトは、「この商品はどのようなもので、誰がどういう場面で使用するのか、メリットやお得感は何か」等といったことを端的に表すものである。そのため、時間をかけて商品と向き合い、誰に、何を、どのように、商品のもたらすベネフィット（便益）を解りやすい表現で伝えることが必要となる。

第２に商品のセールスポイントを明確にすることである。地域商品には類似商品が多いため、差別化するためのセールスポイント、即ち「売り」を整理する必要がある。味が「美味しい」というのは前提で、消費者ニーズが多様化したなかで、どのようなベネフィット（便益）が期待できるのか、セールスポイントを明確にしておくことが必要である。

第３に食品の場合は、試食サンプルが必要である。また、販売のイメージを具体的に示すことができるように、ギフトパッケージを用意するなど、パッケージのバリエーションを提案することも重要である。

また、商談会の際には、「商品カルテ」が必要となる。「商品カルテ」はその商品に関する情報を１枚のペーパーに整理したもので、多くの来場者が来て商談時間が限られている場合等はとくに有効である。

具体的には、商品名、生産者（企業名）、希望小売価格（税込み）、卸売価格、取引形式、掛け率、出荷単位、商品規格、商品重量・サイズ、物流区分、温度帯などといった内容や商品そのものの特性、産地情報、顧客ターゲット、表示・保存方法、添加物、賞味期限などが盛り込まれているとよい。

一般的に大手の流通になればなるほど、これらの品質要件は厳しくなると言われ、消費期限が短い商品などは扱いが難しくなる。

また、こうした展示会や商談会では、出店ブースの演出方法にもひと工夫が必要である。出店ブースが数多くあるなかで、注目をひくような動きとアクセントのあるブースづくりを心掛ける必要があるだろう。

そうしたなかで、多くのバイヤーなどが地域商品に求めているのは、10人中８人の反応が良くなくても、２人が関心を示すくらい、いわゆる「とんがった商品」であると言われている。

（4）特性や内容に合った販売チャネルを検討の検討

最終的には、商品コンセプトに対して、どのような販売チャネルを活用していくか、その商品の特性や内容によって、販売チャネルは異なってくる。とかく人口の多い首都圏等への販路を求めるケースが多いが、大手になるほど交渉条件も厳しくなる。百貨店、総合スーパー、コンビニエンスストア、エキナカ、道の駅、観光地、アンテナショップ、飲食店、自店舗など、その商品に合った販売チャネルを考えて行く必要がある。

同時に、いくらで販売するかといった価格、どのように伝えるかといった販売促進（広報・広告）についても、ターゲット顧客を想定した検討が必要である。

また、地域商品においては、どのように何度も買ってもらうか、といったリピーターの獲得につなげるかも課題であり、その面では顧客育成の戦略づくりも重要であろう。

８．マスメディアを利用した広報活動

（1）有料広告の費用と無料の記事掲載

本節は、新たな商品やサービスを提供する際に、いかに世間に対して認知してもらうか、効果的な広報活動[14]を展開するうえで、費用対効果の高いパブリシティの利用方法やプレスリリースの方法を中心に解説をする。

６次産業化に取り組む事業体が新たな地域商品やサービスを効果的に宣伝することは重要であり、その後の企業活動の浮沈を広報活動が鍵を握ると言っても過言ではない。

広報活動は市場における認知度の向上を目的としたマーケティング手法の一つである。広報には様々な媒体や手法がある。例えば新聞や雑誌、フリーペーパーや行政広報誌、テレビやラジオ、インターネットなど、様々な媒体があるが、通常の場合は、有償と無償に分かれる。

有償なものは、広告または記事広告、協賛広告であり、企業が消費者に対して自社製品の購買意欲を促したり、よいイメージを持ってもらうための情報提供である。一般的には露出度合いが高いものは費用も高いので、広告の効果は比例するように思われがちだが、必ずしも高いものが効果が高いとは限らない。有償広告は目立とうとすればするほど、金額が高く、その割には反響が得られにくいとされている。

一方、無償の取り扱いは記事である。ただし、無償で取り扱ってもらう媒体の記事取材やパブリシティは、プレスリリースやインタビューへの対応を通じて、マスメディアなど第三者に自社に関する情報を提供し報道してもらうことで、消費者に宣伝するのと同じ効果を得ることを指している。第三者視点での情報提供であるため、客観性が高くなり、消費者からの信頼性も増す。

広報活動における媒体は、宣伝したいものの特性とターゲット、利用する媒体の特性とターゲット、そしてどの程度効果を期待するか、というところを十分に検討して選択する必要がある。

地域で戦略的にコーディネートをしているケースの多くは、それぞれのやり方で上手に媒体を利用している。ケースに応じて広告媒体や記事を使い分け、地元メディアや新聞社との人間関係等のパイプを構築していることが多い。

（2）プレスリリースでメディアに情報告知

プレスリリースとは、メディア向けに自社の情報を告知するための広報的手法のことである。一般的には、各種メディアに直接ファックスなどで送付する方法があるが、都道府県や地域によっては「記者クラブ」と呼ばれる窓口があり、そこに一斉に投げ込みをする方法もある。

こうしたプレスリリースを利用する際に、前提の要件として、情報の緊急性・影響度・先進性・先見性・信頼性・希少性等がどれだけあるのかということが重要となる。

また、プレスリリースには、会場発表方式で記者を会場に招く方法と、個別に取材を依頼する方法がある。会場発表方式の場合、記者会見の形式をとったり、試食会を行ったりするケースが多い。したがって、複数のメディアに同時に情報提供できたり、試食会を行って効果的な演出やパフォーマンスができるというメリットがある。デメリットとしては、各メディアが同様の情報を受け取るためスクープ性に欠けるという点や、取材メディアが少ない場合は印象度が低下するといった点があげられている。

個別に取材を依頼する方法では、個別取材なので、情報提供内容を変えることができたり、スクープ性が高い場合は、好条件での取り扱い度が高まる。また、会場発表方式に比べて時間をかけた取材対応ができるため、想いを正確に伝えられるといったメリットがある。デメリットとしては、複数のメディアに対して同時に情報提供ができない点や選択メディアによってはターゲットに情報が伝わらない場合もある。

（3）インパクトのある見出しと要約

実際にプレスリリースを行う場合、重要なことは１枚の用紙にインパクトのある見出しと内容がイメージしやすい要約説明が盛り込んであることである。メディアの担当者や記者は、毎日が溢れる情報のなかで、忙しい中で情報を選択している。

注意しなければならないのは、パブリシティの場合、原則として記事の校正はできず、記者の感じた印象がそのまま記事に掲載される。そのため、短い時間のなかに自分の伝えたい内容を100％伝えられないことを想定して、リリースの内容を伝える要約説明に自分の思いを盛り込むことが重要となる。

まず、インパクトのある見出しについては、コンパクトに簡潔に印象深い標題をつけ、取材する側の意欲を喚起できるものにする必要がある。内容は簡潔でありながらも、伝えるべきポイントを抑えていることが重要であり、商品・サービスの概要がしっかりと掲載されていることが重要である。

また、商品やサービスに関する写真を掲載することも効果的であり、最高のビジュアルを提供できる商品写真を掲載できるようにする。どうしても伝えきれない開発ストーリーや商品特性などについては、別紙を添付して掲載することも一つの方法である。時間のないメディアが取材せずに記事掲載する場合もあるので、こうした配慮をすることによって、パブリシティ掲載確率と内容精度を効果的に高めることができる。

問い合わせ先には、取材依頼を確実に受け取るために、担当者名を複数掲載しておくとよい。また、ホームページやSNSのURLなどを記載したりQRコードを表示するなどしておくと、様々な情報を記者が事前にピックアップすることができる。

（４）費用対効果が高く地元密着の広報を

以上のように、資本力のある大手の大企業に対して、地域企業や６次産業化に取り組む農業者が行える広報活動は、限られてくるが、それだけに費用対効果が高いパブリシティを有効に利用した広報活動が重要となってくる。

しかし、その前提としては、その新商品やサービスが有する話題性や魅力そのものが重要であり、商品の特性やコンセプト、品質の良さ、ストーリー性、デザイン等をしっかりと踏まえながら、他の商品と差別化でき、地元に密着した広報活動を展開することが重要となるだろう。

９．魅力ある売り場環境づくり

（１）６次産業化では約８割が直接消費者に販売

本節は、６次産業化の展開において自店舗や委託販売先の売り場環境を整えることで、売上の向上につなげる手法について解説をする。

魅力ある地域商品の開発を行ったとしても、売り場を確保し、消費者に受け入れられなければ売上には結びつかない。地域資源を活用した地域商品の開発で最も重要な課題は販路開拓であり、確保した売り場の環境を工夫することで売上にも影響してくることから、マーチャンダイジングの手法を用いた販売戦略が重要となってくる。

日本政策金融公庫が2011年に公表した『農業の６次産業化に関する調査』によれば、調査対象の農業生産法人の販売形態（複数回答）は、**図2-2**に示したように、「自社店舗での直接販売」が73.9％と最も多く、次いで「流通業者に販売（スーパー、卸など）」の59.4％、「インターネット販売、通信販売、宅配」の58.2％、「直売所等による委託販売」の52.1％であった。

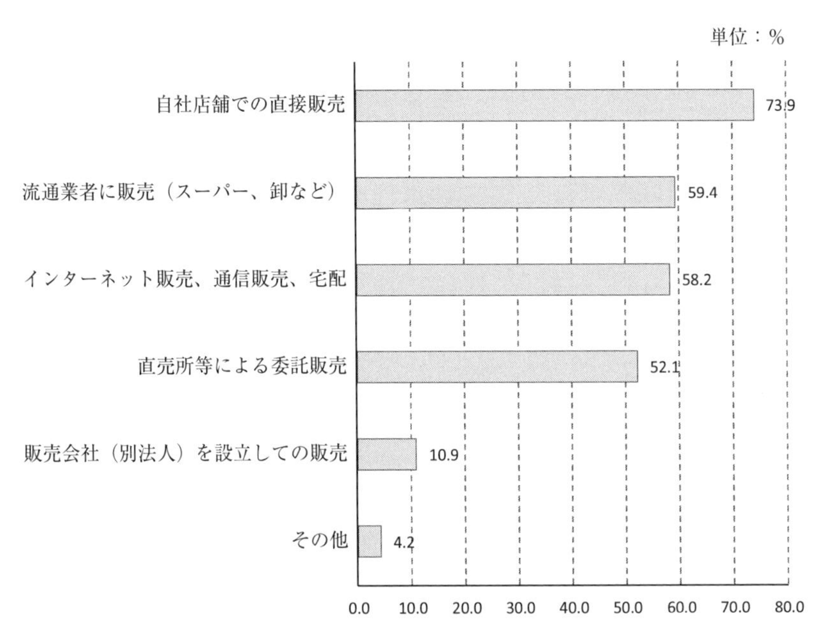

資料：日本政策金融公庫『農業の六次産業化に関する調査』2011年より引用。

図2-2　６次産業化に取り組む農家の販売形態（複数回答）

自社店舗を構えて販売している経営が約７割で、インターネット販売・通信販売など、最終消費者に直接販売をしているケースが多い。この結果によれば単数回答は少なく、利益率は高いが販路確保が難しい直接販売・通信販売と利益率は低くても安定して出荷できるスーパー、卸等への販売とでバランスをとっており、それだけ販売先を複数確保してリスクを分散する対応を取っているとみることができる。

さらにその主な販売先（複数回答）については、**図2-3**に示したように、「消費者」が81.2％と最も多く、次いで「直売所」の50.9％、「スーパー」の41.8％、「卸売業者」の41.8％、「飲食店」の35.2％、「百貨店」の27.9％、「食品製造業者」の24.8％、「生協」の23.0％の順であった。全体の約８割が直接消費者へ販売を行っており、コンビニ向けの販売を行っている事例はかなり少ない。コンビニ向けの販売は一定の知名度や生産量の確保が必要であるた

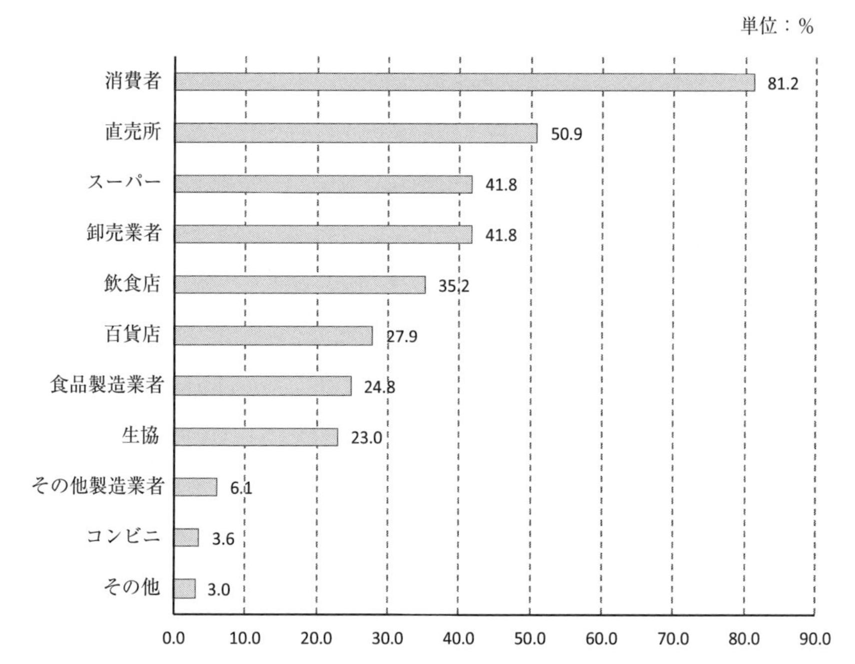

資料：日本政策金融公庫『農業の六次産業化に関する調査』2011年より引用。

図2-3　6次産業化に取り組む農家の販売形態（複数回答）

め、比較的小ロット生産である農家の6次産業化のケースではまだ少ない。

農家の6次産業化や農産物直売所における地域商品の販売では、自店舗などで直接販売できる売り場の確保は利益率を考えると有効であるが、交通の便や立地条件に恵まれるかどうかといった問題点がある。今後、販路を拡大していくことを考えると、流通業者への販売や直売所等への委託販売といった選択肢も重要となる。そして自店舗での販売にしても委託販売をするにしても、購買者が購入したくなるような売り場の環境を魅力あるものに整えていくことが必要となってくる。

（2）MDで買いやすい価格や品揃えに

店舗販売を通じたマーケティング戦略のなかに、マーチャンダイジング

（MD；Merchandising）がある。とくに流通業者（卸売・小売業者）が品揃え、売り場づくり、陳列・演出、価格設定、販売対応、在庫管理、仕入・発注、物流といった領域について、計画的に設計・統制（コントロール）を行う取り組みである。このマーチャンダイジングの役割は、消費者や生活者のニーズを把握し、メーカーとの結節点になるという考え方に基づいた活動であり、限りなく顧客志向の発想で展開される活動である。例えば、消費者が買いやすい店舗と売り場づくりであったり、買いやすい価格の提案だったり、適正な品揃えの実現することがであったりする。

さらにVMD[15]といってビジュアル・マーチャンダイジング（Visual Merchandaising）といった概念があり、視覚的な演出をして消費者が商品を見やすく、選びやすい環境を整えて品揃えを豊かにすることで、売上を高める手法がある。

（３）客の動線を長くし四隅に新商品を配置

具体的には店舗内における商品群の分類の仕方を市場や消費者の属性別に分類したり、売り場全体のレイアウトや客導線を工夫したり、商品の陳列・展示を売れる順に広いスペースで並べたり、魅力的に並べることによって買い手にとって購入しやすい環境を整える。

例えば、農産物直売所においても客導線を長くすることが、売上増加の一つの要因になり、店舗の隅々にまで購買者が回遊すると、多くの売り場に立ち寄ることができて、購入の機会が増加する。その意味では、従業員導線と客導線はできるだけ交差を避けて配置しつつ、主力商品などを配置する主通路の幅は120cm以上と２人がすれ違えるように広めに設定するなどの工夫がされている。食料品や日常雑貨などは目的の場所に早く行って短時間で買い物を済ませたい購買者心理に向いており、導線にはパラレル・トラフィック（直線型導線）といって主通路を壁際に沿って直線的に入口から店奥まで通し、店内の回遊性を高める手法が多く採られている。

また、購買者を引き寄せるマグネット（磁石）ポイントを適切に配置することで、回遊性を高めるという手法もある。マグネットポイントになりうる要素は、新商品、人気商品、特売商品などであり、これらを売り場の四隅に配置すると効果的であると言われている。

また、スーパー等の生鮮品売り場や直売所の陳列にはPOP広告（Point of purchase advertising）を目にすることがあるが、これもマーチャンダイジング手法の一つである。POPは商品の魅力を言葉で伝える効果があり、“物言わぬ販売員”としての役割がある。POP広告のポイントは、①文字をはっきり書く、②数字は原則算用数字を用いる、③見せ独自のパターンを決めて統一感を出す、④コメントは20文字以内にする、⑤古くなったPOPは取り替える、⑥誇大な表現や偽りは書かない、⑦特売は価格を大きく書く、などである。

（4）ネットも便利だが現地で感動の共有を

先のアンケート結果からは「インターネット販売、通信販売、宅配」といった販売形態が6割近くに達していた。買い物の時間と場所を選ばなくてもいいのが、ネットショッピングの良さである。一方、店舗販売には実物を見ることができたり、手に取って確かめることができたり、店員に尋ねることができたりといった点でネットショッピングにはない利点が存在する。リアルな販売店舗の良さは、試食や試飲など、購買者がすぐに購入したくなるような仕掛けや生産者との交流が直にできる点である。地理的に不利な側面をネット販売でカバーする手法は有効であるが、最終的には現地に購買者を導きながら、生産者と購買者が感動を共有できる仕組みを売り場として作り上げていくことも必要であろう。

付記：本稿は北海道協同組合通信社『ニューカントリー』2016.6～2017.3に掲載の菅原優「売れる物づくり」（10回連載）の記事を元に加筆修正してまとめたものである。

注記

1）第１章で触れた東京農業大学の「オホーツク・ものづくりビジネス地域創成塾」の学内外の講師陣を中心に作成したものとして、北海道協同組合通信社・ニューカントリー編集部『農産物加工マニュアル―商品化に向けた基本と応用―』北海道協同組合通信社、2013年を参照のこと。また、松原豊彦編著『６次産業化研究入門―食と農に架ける橋―』高菅出版、2021年は、６次産業化におけるビジネスプランの作成とプレゼンテーションの手法について解説されており、参考になる。

2）独立行政法人中小企業基盤整備機構経営支援情報センター「地域資源を活かした食料品の販路拡大に関する調査研究～広域的事業展開で域外への販路拡大を図る～」『中小機構調査研究報告書』第５巻第４号、p.36-39を参照のこと。

3）中村豊郎『新食品開発論』光琳、2005年を参照のこと。

4）商品開発におけるコンセプトづくりについては、岩田直樹『食品開発の進め方』幸書房、2002年、p.63-64を参照のこと。

5）中村豊郎『前掲書』を参照のこと。

6）戦略的な環境分析や３C分析については、日本総合研究所経営戦略研究会『経営戦略の基本』日本実業出版社、2008年を参照のこと。

7）商品ストーリーの基本的類型については、鳥巣研二『よくわかる加工特産品のつくり方、売り方』出版文化社、2011年、p.150を参照のこと。

8）経済産業省による地域ブランドの概念は、中小企業基盤整備機構「地域ブランドマニュアル」2005年６月を参照のこと。

9）地域商品のブランド管理の重要性については、食品需給研究センター「農商工連携における地域ブランドの構築」2011年３月を参照のこと。

10）食品需給研究センター「地域発信型商品・サービスの戦略展開」2011年３月を参照のこと。

11）SWOT分析については、日本総合研究所経営戦略研究会『前掲書』を参照のこと。

12）商品コンセプトの検証に関する詳細は、石川憲昭『速解！“売れる商品を創る”開発マーケティング50のステップ』日刊工業新聞社、2008年を参照のこと。

13）販路開拓に繋げるためのイベント販売や展示会で実践的に行う手法や準備については、食品需給研究センター「地域発信型商品・サービスの戦略展開」2011年３月を参照のこと。

14）販路開拓における広報活動については、食品需給研究センター「地域発信型商品・サービスの戦略展開」2011年３月を参照のこと。

15）VMDの基本や詳細については中小企業診断士・池田章『売れる「売り場づくり」が面白いほどわかる本』中経出版、2009年を参照のこと。

第3章

6次産業化による地域ブランド構築のための提言

—地方と都市をどのように結びつけるべきか—

中村　正明

1．はじめに

少子高齢化に伴う人口減少や超高齢化が急速に進む中で、日本の地方から今、活力が失われつつある。中でも、農山漁村においては、一次産業の担い手・後継者不足や耕作放棄地の増大が大きな悩みとなっている。その一方で、首都圏への人口一極集中と、それにともなう地方からの人口流出が顕著である。過疎化が進む地方の農山漁村とくらべ、都市にはヒト（人口）・モノ（物質的豊かさ）・カネ（資金）・情報（顧客情報やコミュニティ内外とのつながり等）が圧倒的に集積しており、こうした地方からの人口流出の勢いはとどめようがないように思われる。

しかし他方で、都市生活者の中に、移住や二地域居住（一時滞在）、農のある暮らし方を求める人々が出現しつつあることも事実である。地方の豊かな自然や文化や歴史にふれながら、その土地ならではの食や食文化を求め訪ねる人々が急速に増えてきている。都市生活者から地方の暮らしを求める声が高まってきているのである。

筆者は6次産業化プランナーや、地域コーディネーター、東京農業大学客員研究員として、東京都千代田区にある通称「大丸有」（大手町・丸の内・有楽町）エリア（詳細は後述）において、およそ10年にわたって首都圏と地方とを「食」と「農」でつなぐ現場で、さまざまな事業に携わり、農業をはじめとした事業者を支援してきた。

そこで本章では筆者の携わってきた事例をもとに、都市のオフィスワーカー、飲食・物販店、企業、大学等が６次産業化のパートナーとして地方とつながるためのプログラムや場、コーディネート機能等について、具体的方策を紹介する。それとともに、都市と地方とのつながりをいかした地域ブランドの構築と、川上主導型のバリューチェーンの構築による６次産業化の可能性について検討する。そして、都市生活者のライフスタイルやワークスタイル、都市の飲食店・物販店等に対する地方の関わり方などの都市ニーズを検証する。最後に、地方の一次産業者の課題解決のために、とくに６次産業化の視点からの新たな価値創造の仕組みである「大丸有フードイノベーションプロジェクト」の魅力と今後の展望について論じ、ひとまずまとめとしたい。

２．日本の農林水産業の現状と６次産業化

日本の農林水産業は、超高齢化社会の到来や人口減少等による労働人口の先細りによって、国内市場の縮小と担い手不足に直面し、今後さらに深刻な状況に陥ることが予想される。農業所得（生産農業所得）をみてみると、1990（平成２）年に4.8兆円だったものが、2020（令和２）年には3.3兆円まで減少している。また基幹的農業従事者は年々減少する中、平均年齢は2021年で67.9歳となっている。さらに荒廃農地の面積は、2020年で28.2万ha、このうち再生利用可能なものが９万ha、再生利用困難なものが19.2万haとなっており、再生利用可能な９万haの農地再生を進めるには都市との連携が欠かせないのだが、現状はきわめて厳しい。また日本の食料自給率をみても、2021（令和３）年度にはカロリーベースで38%、生産額ベースで63%となっており、長期的には低下傾向で推移しており、農林水産業の地位低下がますます著しい[1)]。

(1) 6次産業化と地域ブランド

こうした状況の下で、疲弊する日本の農林水産業を救済するために考え出されたのが、1994年に今村奈良臣氏によって提唱された6次産業化という理論的枠組みであった。6次産業化とは、1次産業としての農林漁業と、2次産業としての製造業、3次産業としての小売業等の事業との総合的かつ一体的な推進を図り、農山漁村の豊かな地域資源を活用した新たな付加価値を生み出そうとする取り組みである。今村氏のねらいは、農山漁村の所得向上や雇用の確保、さらには地域活性を目指すことにあった。

今村氏は、当初は「1次産業＋2次産業＋3次産業＝6次産業化」という足し算で6次産業化を提唱していた。ところが後年、今村氏はこの考え方を発展させた。足し算では不十分だと考え、かけ算の図式に改めることにしたのである。すなわち「1次産業× 2次産業× 3次産業＝6次産業化」としたわけだが、変更の目的は1次産業の重視にあった。1次産業である農林水産業の状況が軽視される状況が続き、そこから生み出される価値がゼロとなってしまったら、いくら2次産業、3次産業が強化されたとしても、価値は生まれないということを強調したかったからである[2)]と述べている。このことは言い換えれば、農業生産こそが最も重要で、農業生産なき消費政策は間違っていることを示唆している[3)]。

今村氏が意図する、農林水産業の重視を基盤とした6次産業化を推進するためには、地域の優位性をいかし、地域の様々な関連する事業者等との連携・協働による強い「地域ブランド」を構築することが重要となる。地域ブランドの構築にあたっては、地域性をいかしたブランドの特性や差別化の確立を目指しながら、品質等を継続的に保証する仕組みづくりと様々な主体の連携体制の確立が重要となる。一般的に6次産業化によって生み出される加工品等は、生産量に制限があったり、事業規模が小さいものが多いため、自ずと生産コストも高くなる場合が多い。小ロットでも付加価値を生むためには、地域ブランドの確立により差別化を図り、高付加価値化を実現することでバリューチェーンの付加価値配分の中で、一次産業者（農山漁村）サイドが優位な位置を占めることを目指さなければならない。

ここから議論を深めるために、６次産業化について３つのタイプに整理しておきたい。６次産業化は、生産・加工・販売を一体的に行う「多角化タイプ」と、商品開発やマーケティング、販路開拓等に優れた２次産業者・３次産業者との連携による「連携タイプ」、地域産品等のブランド化をもとに、様々な地域資源を紐づけながら地域全体をブランド化し、体験・交流型のツーリズム等によって地域活性につなげていく「交流タイプ」の３つに分けられる。

つぎに上記３点に関して、都市と地方とを生産と消費、需要と供給というかたちで連携させる視点からの可能性について考えた場合、重要な役割を果たすのが、農林漁業者の取り組みに対してサポートを行う６次産業化プランナーの役割である。

６次産業化プランナーとは、６次産業化法に基づいた総合化事業計画の作成支援、研修会の講師、個別相談に応じたアドバイスなどを通じて、農林漁業者の支援を行うのが仕事である（筆者もその一人である）。６次産業化サポートセンターは農林水産省の６次産業化サポート事業実施要領に基づき設置されており、そこに登録された６次産業化プランナーは高度な知識と経験を持つ民間の専門家である。センターはプランナーを無償で派遣し、新たな６次産業化の取り組みを支援する。すなわち農林漁業者のニーズに応じて、センターが派遣したプランナーが製造加工や販路開拓、衛生管理、経営改善、輸出、異業種との連携など、さまざまな分野の知見に基づいて課題解決にむけたアドバイスを無料で実施するのである。

農林水産業者のサポーターとして、６次産業化プランナーが登場することにより、先述した６次産業化の３つのタイプは次のような図式が描き出せるだろう。小規模生産者で、都市での販路開拓等を望まれる「多角化タイプ」の場合、６次産業化中央サポートセンターに登録されている６次産業化プランナー（たとえば筆者）は、農林漁業者に対して都市ニーズを捉えたグローカルなアドバイスを提示する。たとえばマルシェでの展開がそれである（マルシェとはフランス語で「市場 marché」の意味。ここでは生産者が地域において自ら生産した農作物、水産物、畜産物および加工品、工芸品などを販売する都市型マルシェ≒ファーマーズ・マーケットを指す）。プランナーはマルシェでの販売及びテストマーケティングなどを通じて、多角化を段階的に推進していくのである。

次に「連携タイプ」の場合は、プランナーは、商品開発力やマーケティング力、販路開拓等の向上を目指して、都市の飲食店や物販店、バイヤーや広告代理店等との連携を目指すだろう。さらに「交流タイプ」の場合は、プランナーは、都市のオフィスワーカーや、企業の福利厚生やCSR（企業の社会的責任　corporate social responsibility）等で「食」や「農」をいかしたプログラムに関心のある企業等との連携図を描き出すだろう。このように6次産業化の推進のためには、地域性をいかし、地域内外の関連事業者等との連携・協働による地域ブランドを構築することが重要である。さらに地方と都市との連携を図ることにより、都市ニーズを捉え、都市機能をいかして、さらなる6次産業化の推進と地域ブランドの強化を図ることがのぞましいと思われる。

（2）農山漁村の課題と魅力

次に、地方の農山漁村が抱える課題と、地方の魅力についてふれておきたい。急速に進化する都市部の発展やグローバル化、東京への人口一極集中の一方で、小規模生産者など余剰労働力を抱える農山漁村からの若年層を中心とした都市部への人材流出がとまらない。また都市部の企業の国際化や効率化（ICTの利活用等）を目指した選択と集中により、農山漁村から企業が撤退することで、地域経済への悪影響や生産者の兼業機会が減少し、さらに農山漁村の生活を厳しい状況に陥らせている。

農山漁村が抱える最も大きな社会課題が、人口減少と1次産業者の高齢化である。このことは農山漁村の「集落」を支えてきた青年・壮年といった本来「集落」の中で中心的な役割を果たすべき層が大きく減少し、高齢者が相対的に高い割合を占めるようになったからである。結果、農山漁村の「集落」で育まれた生活文化が維持できなくなりつつある。「集落」の撤退と消滅はコミュニティの崩壊を意味するが、そればかりではない。農地等の資源管理が行われなくなり、耕作放棄地の増加・里地里山の荒廃など農山漁村の多面的な機能がますます損なわれることにもつながるのである。その影響はあまりにも大きく、日本人が長年にわたり大切に育んできた伝統的な農村文化や食文化の伝承・継承が途絶えてしまうことになる[4)]。

そもそも農山漁村の役割と魅力は、単に農林漁業の生産の場であるだけでなく、国土の保全、水源涵養、自然環境の保全等の多面的機能を有していることにある。昔から地域住民の生活単位となってきた「集落」において、農地、水路、湿地、農道、里山などといった農林漁業にかかわる資源の保全活動が継続的に行われることで、こうした農林水産上の多面的機能が発揮されてきたのである。「集落」は、さらにその地域独自の歴史や生活文化、地域の産物などをいかした郷土料理などの食文化を育んできた。2013（平成25）年12月にユネスコ無形文化遺産に登録された「和食；日本人の伝統的な食文化」は、まさに農山漁村「集落」で育まれてきた我々日本人の精神文化を体現した食に関する社会的慣習といえよう。

本章の冒頭で、筆者は疲弊する地方の姿を描き出した反面、都市生活者から地方の暮らしを求める声、すなわち地方ニーズの高まりについて指摘した。都市部の人はなぜ地方を訪れたくなるのか。南北に長い日本列島は、地方ごとに四季折々の表情を見せ、独特の自然景観や伝統文化、そこでしか出会えないグルメといった地域資源にあふれている。それだけではない。地方は今日、日本人が忘れかけている自然を尊重し共生する“自然とのつながり”があり、先達の経験や知恵を受け継ぐ“世代のつながり”等が脈々と息づいており、何とも言えない居心地の良さやぬくもりを感じさせてくれる。こうした都会にはない魅力があること、まさにこのことが、本章で論じていく都市とのつながり方を考える上で大切な農山漁村の資源（宝物）のひとつである。

問題は農山漁村資源をどう生かすかであるが、その答えの1つとして、6次産業化プランナーである筆者が関わらせていただいている、地方と都市との連携強化の事例をご紹介したい。すなわち「大丸有」エリアでの取り組みである。

3．都市の食～大丸有エリアの「食」と「農」～

「大丸有」とは、大手町・丸の内・有楽町の頭文字をとった略語である。このエリアのまちづくりを推進する一般社団法人　大手町・丸の内・有楽町地区まちづくり協議会によって名づけられた。東京都千代田区大手町・丸の内・有楽町地区は、東京駅周辺に位置し、就業人口は約28万人、建築棟数は101棟、事業所数は約4,300事業所、鉄道網は28路線13駅など、世界都市東京を担う世界に開かれた国際業務センターの形成を図るとともに、我が国固有の都心イメージを形成し日本の内外に定着させてきた。

こうした「大丸有」エリアにおいて、筆者は以前、大丸有「都市の食」ビジョンの検討会にかかわらせていただいたことがある。ここでは都市と地域（生産地）が食でつながることについて様々な視点から検討がすすめられた。そこで大丸有エリアを起点に「食」「農」をめぐる連携をテーマとした様々な事例を通じて、今後の都市と地域とのつながり方について模索したい。

（1）大丸有「都市の食」ビジョン

まず、このビジョンを検討するにあたり、都市と地域が食でつながるという共通認識についてあらためて整理してみたい。すなわち**図3-1**に示された食でつながる共通認識とは、①食材・資源がつながる、②人がつながる、③情報がつながる、そして④“命がつながる”ことが重要である。この「都市の食」ビジョンは、食の研究家やシェフのみならず、食にかかわる事業者や地域連携関係者、関係省庁や自治体などの参画によって検討・提起されたものである。

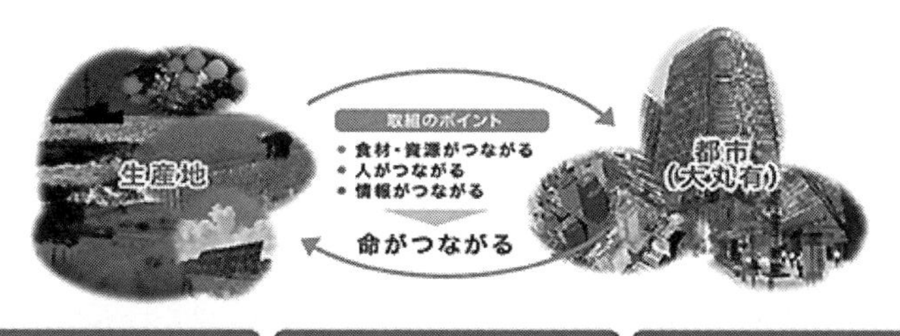

消費者のためになる食 大丸有全体で取り組み 今後とも質・量の向上を推進	つながりを取り戻す食 ①～③をベースに、 「都市の食」の目的実現に向けて 多様な主体が様々な形で取り組む	大丸有だからできる食 ①～③をベースに、 「都市の食」の目的実現に向けて 多様な主体が様々な形で取り組む
❶おいしい食 旬なもの、地域でとれる新鮮なものは おいしい	❹自然とつながる食 食を通じて自然に関する感受性や 知識を育む	❼本物を知る食 食は自然そのもの 自然を受け止め、多様性を愛でる
❷安全・安心な食 食の来歴に関心をもつことで 安全・安心を確保	❺人とつながる食 食を通じて顔が見える関係を築く	❽創造力を育てる食 旬で沢山採れたものを余さず おいしくいただく
❸身体にいい食 旬なものは栄養価に優れて健康にも良い	❻地域とつながる食 食を通じて地域に支えられていることを 認識し、支えあう	❾世の中を変える食 日本の食文化を支え、情報発信力を生か して地域の食を国際展開
		❿自分でつくる食 都市にいながら生産体験、 非常時の食の確保にもつながる

資料：大丸有「都市の食」ビジョン

図 3-1　大丸有「都市の食」ビジョンの構成

そのうえで「都市の食」ビジョンでは、“つながる食”をキーワードとして、下記の３分野に分けて整理が行われた。第１は、大丸有エリア全体としての取り組みとして、質・量の向上を推進するための食を「消費者のためになる食」と定義し、❶旬なもの、地域でとれる新鮮なものはおいしいと考える“おいしい食”、❷食の来歴に関心をもつ“安全・安心な食”、❸旬なものは栄養価に優れて健康にも良い“身体にいい食”と分類した。

第２は、❶～❸をベースに「都市の食」の目的実現に向けて、多様な主体が様々な形で取り組む「つながりを取り戻す食」である。そして❹食を通じて自然に関する感受性や知識を育む“自然とつながる食”、❺食を通じて顔が見える関係を築く“人とつながる食”、❻食を通じて地域に支えられていることを認識し、支えあう“地域とつながる食”と分類した。

第3は、❶〜❸をベースに「都市の食」の目的実現に向けて、多様な主体が様々な形で取り組む「大丸有だからできる食」ととりまとめ、❼食は自然そのもの、自然を受け止め、多様性を愛でる“本物を知る食”❽旬で沢山採れたものを余さず、おいしくいただく“創造力を育てる食”❾日本の食文化を支え、情報発信力を生かして地域の食を国際展開する“世の中を変える食”❿都市にいながら生産体験、非常時の食の確保にもつながる“自分でつくる食”と分類した[5)]。

(2) 都市のオフィスワーカーとのつながり方〜丸の内プラチナ大学〜

続いて紹介するのが「丸の内プラチナ大学」の取り組みである。昨今、都市で働くオフィスワーカーのワークスタイルやライフスタイルの中で、社会人のためのキャリア講座やリカレント教育への関心が急速に高まっている。こうした中、働き方改革への関心の高まりや、健康寿命の延長による「人生100年時代」の到来により、40代〜50代を中心としたプラチナ世代（シルバーというほど地味でもなく、色あせず長年輝き続けるという意味）と呼ばれる層に今熱い視線が注がれている。雇用環境の変化とも相まって、プラチナ世代に属するチャレンジ精神あふれるビジネスパーソンたちは、再活躍の場を求めて、起業や地域・社会貢献、組織内ベンチャー等の様々なニーズを旺盛にもっているのである。

こうした状況の下で立ち上げられたのが、丸の内プラチナ大学であった。丸の内プラチナ大学とは、大丸有エリア周辺のオフィスワーカーを対象としたキャリア講座で、座学での理論構築とケーススタディ、さらに現地でのフィールドワークにより、創造性を高め、人とつながりながら身近で具体的な地域課題を通じて、課題解決力や新たなアイデアを創出するプロセスを学ぶものである。筆者は、丸の内プラチナ大学のスタート期より、「食」と「農」をテーマとしたソーシャルビジネスデザインを考えるコース（農業ビジネスコース/今期よりアグリ・フードビジネスコースと改称）の講師兼コーディネーターを務めてきた。こうした経験から、様々な分野で活躍されている受講生の旺盛な向学心と精神性の高さに対して、いつも居住まいを正す想いをもつとともに、彼らプラチナ世代が新たな価値を創造し、地域や社会を変える可能性の大きさに期待を寄せている。

さて、丸の内プラチナ大学アグリ・フードビジネスコースの特徴は何といっても、理論の習得とフィールドワークによる実践的な学びである。そこで筆者がプラチナ大学第０期生の学び舞台として選んだのが、静岡県賀茂郡東伊豆町の伊豆熱川地域にある観光農園「丸鉄園」であった。丸鉄園は、無農薬による柑橘栽培を手掛けながら、６次産業化による事業再生に挑戦し、また筆者が６次産業化プランナーとして事業支援にかかわってきた観光農園である。受講者は生産者から無農薬にこだわる想いや無農薬栽培の特徴を学びながら柑橘の収穫体験と試食を経て、観光農園の経営を学んでいく。生産者との交流を深めるにつれて、受講者が次第に生産者に共感し、寄り添い、やがて（短い時間にも関わらず）生産者のファンになっていく様子が伺えた。帰京後、受講生はすぐさま観光農園の課題抽出に取り組んだ。問題解決のカギは、伊豆熱川の観光農園と首都圏とのつながりの構築であり、さらには観光農園の活性化と地域の活性化とのつながりの構築にあった。地方と都市とのつながりを巡る議論と課題検討を経て、受講生は最終的にはソーシャルビジネスプランを作成し発表するに至った。

ここで提起されたソーシャルビジネスプランは、首都圏で活躍するビジネスパーソンならではの専門性を有したプランから、農業には興味はあるが全

写真 3-1　丸の内プラチナ大学アグリ・フードビジネスコースの様子

く経験したこともない異分野異業種ならではの柔軟な発想まで、実にさまざまであった。またワークショップの中で受講生同士が起こす化学反応によって、新たなソーシャルビジネスモデルを発案されるなど、とても魅力的なプログラムが生み出された。ここでその一端を紹介させていただこう。

はじめに、「滞在型のオーガニックファームへ」プランは、無農薬栽培などのミカンや自生のクマザサ、湧水などに注目し、自然との共生を目指す農園イメージを描き出した。できるだけ低投資で実現を目指すビジネスビジョンである。つぎに、「観光農園から観境農園へ」プランは、アクセスの悪さや労働力不足などの課題解決に力点を置き、食や農を楽しみ、体験できるイベントやコンテストを盛り込んだ、参加・体験型農園を目指すビジネスプランである。また、「伊豆熱川事業のエコシステムモデル」プランは、「地域再生エネ事業」「農園コンテンツ型観光事業」「地域包括ケア付加価値事業」「コースウェア開発事業」の4つのアイデアを盛り込むものであった。広く伊豆全般の地域再生にフォーカスを当て、その中に観光農園のビジネスプランを組み込む大掛かりなもの。キャッシュフローを考えて事業の着手順までを構想。1000万円から20億円の事業予算で、段階を経て持続可能な長期ビジョンを描く壮大な構想であった。

こうしたプラチナ大学のようなプログラムでビジネスパーソンが生産者とつながることは、単に農業体験で知り合う（つながる）関係とは全く異なる。なぜならば、受講生は事前にしっかり理論を学んだうえで、現状の観光農園の魅力と課題を整理し、課題解決のための体験型の現地調査及び生産者との交流（フィールドワーク）を行うことで、経営資源を見直すばかりでなく、生産者とのパートナーシップが育まれ、受講生は着実に生産者のファンになっていくからである。さらに、プラチナ世代は自らの様々な経験や専門性をいかしながら、それぞれが自発的に予習復習を繰り返し、時には一人で現地に赴き、いつしか自らのビジネス現場で繰り出されるような企画書を作り上げることも少なくない。こうした学びのありかたは、受講生にとって有意義であるばかりでなく、受け入れられた観光農園にとっても非常に刺激的な機会であったと後に伺った。受講生によるプレゼンテーション・シートやレポートは、ただちに観光農園の関係者にフィードバックされたが、すぐにいかせるアイデアから、新たなビジネスのヒントもたくさん頂けたと好評であり、継続したプログラム化が望まれている。こうしたつながりを機に、受講生が観光農園に通って、農園こだわりの無農薬の柑橘類を購入するなど、双方に有機的・継続的なつながりも生まれている。

ここで丸の内プラチナ大学のポイントを整理したい。

地方の６次産業化に取り組む生産者（観光農園）にとっては、様々な分野の専門知識を有する都市のプラチナ世代のビジネスパーソンとの実践的なキャリア教育を通じたつながりは、新たなビジネスのヒントを得られるばかりか、生産者のファンづくりの貴重な機会となる可能性が高い。また、受講生（都市のプラチナ世代のビジネスパーソン）にとっては、理論と実践（フィールドワーク）を通じて課題解決力や新たなアイデアを創出するプロセスを学ぶことはもちろんだが、「食」と「農」をテーマにしたビジネスを学びたい方にとっては、自らの実験農場のような継続的な関係性までつくることが可能である。このような都市と地方のつながり方は、都市で活躍するプラチナ世代の様々な専門性を有するビジネス視点や都市ニーズを捉えた６次産業化の推進に大いに役立つとともに、生産者と都市の食と農に関心の高いオフィスワーカーとの学びを通じた新たなパートナーシップが芽生え、継続的なつながりが生まれることが期待できる。

（3）都市の飲食店・物販店とのつながり方〜大丸有つながる食プロジェクト〜

現在、各地の地方創生の取り組みの中でも地元の自慢の農産物等を都市での販路開拓や６次産業化のヒントを得ようという狙いから、都心のレストランのシェフにより自慢の食材（農産物等）をメニュー化し、都市の消費者に食べて頂くような企画（レストランフェア等）が増えてきている。

こうした状況の下で案出されたのが、「大丸有つながる食プロジェクト」であった。同プロジェクトは、全国の生産者と大丸有エリアの食の提供者と消費者をつなぎ、共同調達により安心安全で身体に良い食材を厳選して届けるとともに、CO_2の削減、運送コストの削減等の環境負荷の低減も目指している。そして、この取り組みの要点は、大丸有エリアならではの食のコミュニティづくりを目指すことにあった。「都市の食ビジョン」の中でいえば、『大丸有だからできる食』の分類の中にある“本物を知る食”、“創造力を育てる食”、“世の中を変える食”への具体的なアクションと位置づけることができるだろう。

さて、大丸有つながる食プロジェクトでの都市の飲食店・物販店と地域（生産者）をつなぐ事例の中で、前述した6次産業化に取り組む伊豆熱川の観光農園「丸鉄園」へのシェフツアーを検証してみたい。同園では、無農薬による柑橘類の栽培と独自のノウハウによるこだわりのイチゴ栽培に力を入れながら、さらに無農薬の柑橘の皮を使用した商品開発や、都市のレストラン等での無農薬栽培による高付加価値の商品としての新たな販路開拓、都市からの観光客の誘客が目指されている。そこで当プロジェクトの中で、こうした取り組みに関心の高い大丸有エリアの飲食店のシェフや仕入れ担当者、自然派志向のオリジナル商品の開発から販売までを手掛けるショップのコーディネーターたちを農園にご招待した。

参加者からは、無農薬栽培の畑ならではの自然の柑橘の香りを店舗の空間にいかし再現してみたい、また、無農薬の柑橘を使用したカクテルなどを検討してみたい、さらに、国産のレモンやライムに興味があるので、契約栽培のような形で栽培してもらえないだろうか、無農薬栽培の柑橘の皮を使用したドライ商品を検討してみたい、自社のスタッフの研修農場のようなかたちでコラボできないか、など、様々な意見やアイデアが出された。農園には想定の範囲を超えるリクエストが寄せられ、生産者は驚きと喜びを噛みしめられていた。

このように、都市の飲食店や物販店の中には“、食と農”に関心の高い都市の消費者ニーズを意識しながら、直接地域（生産者・生産地）とつながって、安心安全の担保や生産者・生産地の明確化、食材のストーリー性などの付加価値の高いサービスを提供したい方々が少なからず存在する。一方、小規模の生産者の取り組む６次産業化は、生産者自らが生産・加工・販売を一体的に行う「多角化タイプ」と呼ばれているものが中心だが、このような都市の飲食店・物販店とのつながり方の場合は、農商工連携的な取り組みである「連携タイプ」がもつ豊かな可能性も否定できない。さらに、都市の飲食店や物販店は多くの顧客（ファン）をもっているため、地方の観光農園の農産物が店舗で使用・販売されれば、やがて体験型のフードツーリズム実現の可能性も立ち現われてくるかもしれない。都心から約２時間の立地、何よりも海・山・温泉等の地域資源をいかした新たな着地型観光プログラム作りに取り組むことはその好例であろう。

このような都市の飲食店・物販店の関係者等とのつながり方は、生産者こだわりの農産物等の都市での販路開拓や商品開発、ブランディングにつながる６次産業化の「連携タイプ」の進展に大いに役立つ可能性を秘めている。さらには、それぞれの店舗のもつ顧客（オフィスワーカー等）も巻き込むことができれば、都市と地方の共生・対流の促進が進み、６次産業化の「交流タイプ」への進展も大いに期待できるであろう。

（4）新たな価値創造の仕組みづくり～大丸有フードイノベーション～

現在、大丸有つながる食プロジェクトは実証実験を終了した。これを進化・発展させた取り組みが「大丸有フードイノベーションプロジェクト」である。全国農業協同組合中央会、農林中央金庫、三菱地所株式会社、一般社団法人大丸有環境共生型まちづくり推進協会（以下「エコッツェリア協会」）の４者が2017年３月に４者連携協定を締結しスタートした。同プロジェクトの目的は、大丸有エリアにおいて、４者の経営資源やネットワークを活用し、日本全国の生産者やJAと、大丸有エリアの就業者や飲食店舗との連携を実現し、「食」「農」の分野で新たな価値創造に繋がる仕組みを構築することにある。現在、大丸有エリア独自の専門家視点で、生産物・加工品の相談会・評価会・交流会・商談会等の開催や、旅客用高速バスを利用した貨客混載の制度を活用して、希少野菜や伝統野菜、朝採れ野菜等の特色ある農産物を大丸有エリア向けに定期搬送する事業が始まっている。こうした動きを受けて、いま大丸有エリアのマルシェ等を通じて地域の食と農に関心あるオフィスワーカーがつどい、語り、活動し、地域の生産者を応援する「大丸有マルシェ部」などの新たな取り組みもはじまっている。

このようにさまざまな取り組みを軌道に乗せたのは、大丸有エリアをめぐって結ばれた、都市と地方とをつなぐ1つの連携協定がきっかけであった。それは2015年8月に、三菱地所株式会社およびエコッツェリア協会と東京農業大学3者による包括的連携協定が締結されたことであった。この連携は、「食と農」分野において、大丸有エリアを都市と地方との連携拠点とし、新たな価値創造に繋がる仕組みを構築する狙いがあった。さらに現在では産学官連携の推進を目指しながら、人材育成、共同研究、産学連携を実現する拠点として利活用することが見込まれている。大丸有エリアは、企業や団体、大学等の新たな「食と農」の分野における連携により、生産者とオフィスワーカー・飲食店等をつなぐプラットフォーム機能を果たし、地方と都市に新たな価値を創造する舞台として大きな期待が寄せられている。

(5) 3年間のまとめと今後の展望

大丸有フードイノベーションプロジェクト（DFI）は、全国各地の生産者／生産地の課題解決（生産者の所得向上、ブランディング、販路開拓等）をJA全中・農林中金・三菱地所・エコッツェリア協会の4者連携のもと、大丸有エリアのレストラン・物販店、オフィスワーカー等と連携を図りながら目指してきた。

あわせて、大丸有エリアのオフィスワーカーのワーク＆ライフスタイルの創造、飲食・物販店にとっても生産者とのつながりの中から新たな価値創造を目指してきた。

核となる事業であった「評価会・交流会」においては、大丸有エリアで活躍されるシェフ・バイヤー・マルシェコーディネーター・6次化＆フードプロデューサー・東京農業大学の研究者等で、“都市の食ビジョン”に基づく、大丸有目線での“DFI評価基準”（商品特性・６次産業化・マーケティング・文化伝統・リスク安全性・将来性の６つの視点で指標をつくり評価・分析を行うもの）を作成し、生産者・生産物（加工品含む）を評価し、その評価結果をもとに様々なテストマーケティング（マルシェでのテスト販売・飲食店でのメニュー開発・物販店でのテスト販売・アンケート調査・オフィスワーカーとの試食交流会等）を行い、生産者にその結果をフィードバックした。その結果、テストマーケティングの結果を受けて、６次産業化商品やサービスのブラッシュアップを行い、レストランや物販店での継続的な取引と収益化につながる事例も出てきた。また、都市のオフィスワーカーとの連携による都市ニーズを捉えた農体験プログラムの開発に取り組んだ生産者も出てきた。こうした農体験を通じて生産者とつながったオフィスワーカーが、丸の内のマルシェで生産者に代わり農産物や加工品を販売するなど、新たな生産者とオフィスワーカーの関係も生まれ、都市ニーズを捉えたマルシェでの販売方法による販路開拓につながる可能性が見いだされてきた。さらに、秋田県の生産者の事例では、耕作放棄地の開墾をオフィスワーカーがワーケー

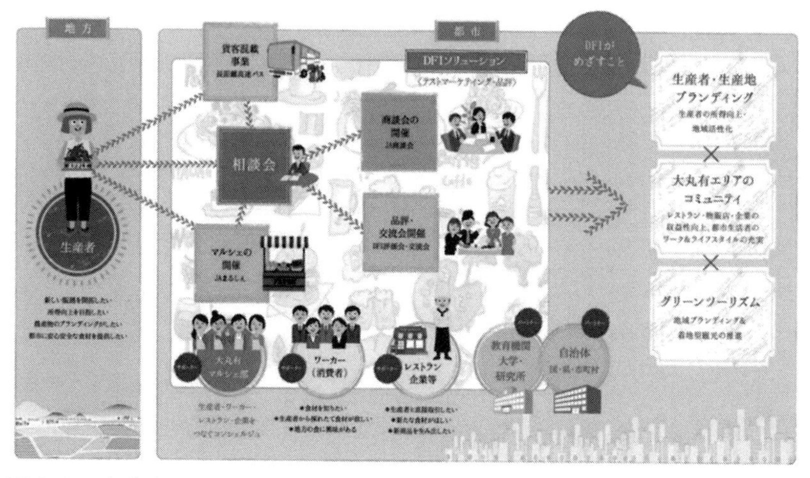

図 3-2　大丸有フードイノベーションプロジェクト（DFI）

ション的にサポートして、空き家を活用した二地域居住の具体的な検討も行われたが、2021年3月現在、残念ながらコロナ対応のため当プロジェクトは中断してしまっている状況である。

ともあれ、このように、都市とつながり都市ニーズを捉えたマーケットイン、そしてさらにターゲットを絞り込んだコミュニティインの考え方に基づいた6次産業化の新たな可能性を見い出し、新たな価値創造の仕組みづくりを実現できたと思われる。

これらの結果をもとに、今後は都市（大丸有）と地域が連携した独自のプラットフォームの構築が必要となるだろう。

4．まとめ

「よそ者、若者、ばか者」が地域を元気にすると言われているが、本章での丸の内プラチナ大学の事例からわかるように、大丸有エリアでのオフィスワーカーのキャリア教育プログラムと連携しながら、地方の生産者・生産地とつなぎ込み、生産者の課題解決や6次産業化のビジネスサポート、生産者のファンづくりにつながるつながり方は、都市のオフィスワーカーを“6次産業化パートナー”として迎え入れるモデルと言えるかもしれない。また、飲食店・物販店と生産者とを結ぶプログラム連携は、やがて生産者にとって新たな販路開拓や、商品開発、契約栽培、社員研修施設等の可能性へと広がりを見せる。これこそ、まさに“6次産業化のパートナー”づくりの好例と言えよう。

地方の生産者が6次産業化を進めるにあたっては、地域性をいかし、地域の様々な関係者等との連携・協働を推進するとともに、都市のオフィスワーカー、飲食店・物販店・企業・大学等の“6次産業化パートナー”とのつながりをいかした地域ブランドの構築に力を入れ、川上主導型のバリューチェーンの構築を目指していく必要があろう。しかし、言うは易く、行うは難し、である。こうした都市と地方のつながり方を実際に有機的に創り、実現していくためには、都市のオフィスワーカー・企業・飲食店等のニーズを捉えた様々な「プログラムづくり」と、都市と地方とが「つながる場づくり」、そして都市と地方とを「つなぐコーディネート機能」が重要である。そのモデルの１つとなるのが、本稿で紹介した「大丸有フードイノベーションプロジェクト」であり、つながる場としてのエコッツェリア協会が運営する大手町3×3 Lab Futureなのである。

本節は、地方と都市のつながりについて、６次産業化の視点による経営資源の再生を軸に論じてきた。地方事業者の経営問題は、経営資源配分と商品構成のミスマッチにある。筆者はこうしたミスマッチの打開策が、都市の“６次産業化パートナー”との協働にあると確信している。都市と地方とを６次産業化を軸につなぐこと、これこそが、地方の課題解決と地域ブランドの構築、都市の新たなライフ&ワークスタイルの創造や飲食・物販店等の新たな価値創造への近道であり、地域活性のカギが示されているのではないだろうか。

付記：本文は中村正明「地方と都市をどのように結びつけるべきか～６次産業化による地域ブランド構築のための提言～」『調査研究情報誌　ECPR』えひめ地域政策研究センター、2018（1）、2018年１月、pp.14-21を加筆修正してまとめたものである。

注記

１）農林水産省　食料産業局「農林漁業の６次産業化の展開」（2018年６月）を参照のこと。
２）今村奈良臣「地域に活力を呼ぶ農業の６次産業化～農村で今こそイノベーションの推進を～」を参照のこと。
３）農林水産政策研究所「６次産業化の理論と展開方法」（2015年１月）を参照のこと。
４）成　耆政「信州地域活性のための「農山漁村の６次産業化」のビジネスモデルの開発と適用」『地域総合研究』16（1）、2015年７月、pp.27-41を参照のこと。
５）大丸有「都市の食」ビジョンを参照のこと。

第4章

6次産業化における原材料の確保と人材育成
―こと京都に着目して―

上田　智久・菅原　優

はじめに

第1次産業の従事者が、6次産業化（以下、6次化）に取り組む意義は、個人の所得向上だけでなく、ひいては高齢化・過疎化が進む地域経済の活性化（新規就農・雇用の拡大）を期待できることにある。6次化に対する政府の動向を見ても、対象者に補助金を交付するなど、地域活性化の起爆剤として、大きな期待を寄せていることがわかる。

農林水産省の調査によると、6次産業化・地産地消法に基づき事業計画が認定された件数は、2011年時点において709件であった。それが2014年には、2,061件、2015年になると2,156件、2016年は更に増加し2,227件となっている[1)]。また農林水産省が2015年に実施した6次化総合調査では、農業生産関連事業の年間総販売金額は1兆9,680億円であった。この金額は前年比5.4％増となっている。さらに6次産業化政策が始動した2010年と比較すると、農業生産関連事業（農家レストラン｛農業協同組合等｝を除く）の年間総販売金額は18.4％と大きく増加し、伸び率の高さを窺い知ることができる[2)]。

しかし、多くの6次化事業が展開されているものの、その大半は単発的な取り組みであり、長期的な事業として見据えると、6次化には懸念が残るとの指摘もある[3)]。6次化に対する研究は多く蓄積されているが、その実態として厳しいことが認識できる。清原（2016）は6次化の限界として、法人化した農家であっても1億円を超える事業体は5％にも満たない実態を踏まえ、利益確保の困難性を指摘している。

こうした６次化経営の困難性を高める要因の一つは、生産・加工・流通・販売に至る全プロセスに精通した知識を持つ人材が少ないためである[4)]。そこで、こうした課題を解決するため、官学連携による人材育成が各地で積極的に展開されることとなった[5)]。しかしながら人材育成の進展は、新たに原材料の確保という課題を顕在化させている。収益性の向上は、企業の規模拡大を可能としたが、それに伴い原材料の確保が次第に困難となり、品質・納期といった面で問題を招く事態を生み出したのである。杉田・中嶋・河野（2012）は、６次化経営における重要な点として、安定的な原料確保を指摘しており、まさにこの点は、昨今における６次化経営の課題と言える。

そこで本章では、上述した６次化研究の課題である事業規模拡大に向けた安定的な原料確保および人材育成に焦点を当て論究していく。具体的には、農業生産法人こと京都（以下、こと京都）」を取り挙げ、本研究課題を考察していく。こと京都は、原材料の確保と新規就農に着目した人材育成を相互補完的に追求する企業である。新規就農者への人材育成を自社の成長戦略に位置付け、事業の規模拡大を図っている。こと京都の事例は、今後の６次化研究において重要な意義を持つと考えられる。

１．こと京都の経営体制と原材料確保に向けた「ことねぎ会」の役割

（1）こと京都の企業概要と経営体制

こと京都は、2002年に設立された農業生産法人である[6)]。工場は横大路、藤枝、向島、丹後の４か所にあり、向島と丹後は原材料の選別作業に特化し、横大路と藤枝はカットを主たる業務としている。また横大路には、カット工場だけでなく、本社も位置する。次に従業員数であるが、194名在籍しており、その内訳は農業部門（畑作業員）29人（研修生４名＋パート25名）、加工部門126人（社員24名　パート102名）、管理部門15人（社員４名＋パート11名）、営業部門８人（管理・営業を合わせ10名が非正規）である。こと京

都の主力事業は九条ネギのカット販売であり、原材料に関しては自社農場において生産するだけでなく、契約農家にも依頼している。現在、こと京都が取り扱う九条ネギの年間生産量は約1,300トン（60ha）である[7)]。

九条ネギ市場は、約6,500トンと言われているため、こと京都が約20％のシェアを握っていることになる[8)]。1,200トンの内訳を見ると、約600トン（30ha）を自社直営の農場にて生産している。実際に直営農場では、こと京都の社員によって播種から収穫までの全作業を行う。そして残りの約600トン（30ha）は、契約農家によって組織化された「ことねぎ会（約32名）」が生産を請け負っている。

こうしたこと京都であるが、2013年に農林水産省主催による「6次産業化優良事例」として最優秀企業に選定され、「農林水産大臣賞」を受賞した。そのため、農業関係者の中では注目されている企業と言える。実際にこと京都の年商推移を見ると、法人化した2000年以降、順調に成長し続け、以下のように推移している（**図4-1**参照）。

こと京都の規模拡大に重要な役割を果たす九条ネギの生産を見ると、露地

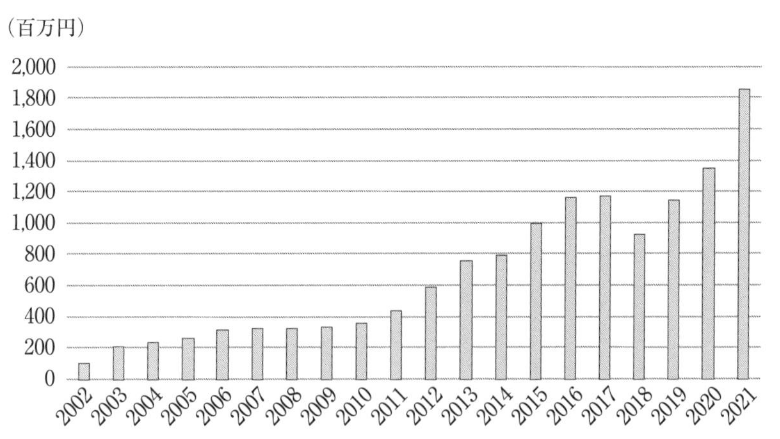

出所：2019年2月19日および2021年10月25（Zoom）日に行ったヒアリング調査を基に筆者作成。対応者はいずれもこと京都株式会社 宮川 光太郎氏である。

図4-1　こと京都の年商推移

栽培に特化した栽培を行っている。天候不順などのリスクを勘案すれば、ハウス栽培が妥当である。露地栽培にこだわる理由は、ハウスで生育した場合、比較的身が細くなるだけでなく、加熱するとネギ特有の甘味を損なうリスクが高まるためである。これが同業他社との差別化にもつながり、京野菜を取り扱う６次化企業として全国から注目を集めている。

(2)「ことねぎ会」を基盤とした原材料の確保

現在の代表取締役である山田敏之氏は、就農した当初から近隣農家と密接な付き合いがあったため、九条ネギ需要が拡大した際、生産を依頼することで原材料を確保し続けることが出来た。これが、ことねぎ会設立（2009年）の契機となっている。ことねぎ会が設立された後も、需要増に対応するため、近隣農家にこだわることなく、契約農家数を増やし続けてきた。こと京都の規模拡大には、ことねぎ会が大きな役割を果たしている[9)]。

ここ最近まで、「九条ネギを買ってほしい」といった問い合わせが非契約農家から年に数軒寄せられていた。その際、こと京都が即座に非契約農家より購入することはない。まずこと京都は、非契約農家に対し、ことねぎ会に入会するよう促している。その理由は、安定供給を図りつつ生産履歴も把握し、安心・安全・高品質にこだわった九条ネギを最終消費者に届けるためである。もし、ことねぎ会に入会となれば、事前に年間契約を行い、その中でこと京都に九条ネギを供給する時期や量、さらには荷受けする際の質的条件など、詳細な取り決めがなされる。年間契約を行うことで、契約農家が供給するネギの一元管理が可能になるため、質・量の均一化を図ることができるようになる。こうして原材料の安定確保を行うわけであるが、年間契約を結ぶことは、こと京都の営業実態とは関係なく、必然的に契約量のネギを全量買い取らなければならないことを意味する。実際に、こと京都が既に十分なネギを確保していたとしても、契約に遵守しネギを供給する契約農家に対しては、自社のネギを廃棄し、全量買い取っている。こうしてこと京都は、ことねぎ会に属する契約農家と信頼関係を保ち続けてきた。

ただし契約単価は一定であるため、市場相場が高い時期であっても、契約農家は、こと京都と取り交わした契約に従い対応しなければならない。この点は、双方が信頼関係を構築する過程において極めて重要と言える。そしてこの取引条件が、ことねぎ会に入会する際の重要な取り決めの一つになっている[10)]。

こと京都は、契約農家と作付面積や単価について毎年交渉を行い決定していく。特に作付面積に関して、こと京都が希望する供給量と乖離している場合は生産者側に対し、作付面積拡大を要請することもある。もちろん、こと京都側が無理に作付面積を増やすよう働きかけることはない[11)]。あくまでも契約農家が高品質かつ安心・安全な九条ネギ生産から逸脱することのない範囲で交渉が行われる。したがって、契約農家と契約交渉が難航する時は、自社農場で対応することによって年間総生産量を調整している。このように、ことねぎ会の存在が原料確保に重要な役割を果たし、事業規模拡大に大きく貢献してきたのである。

また品質については、2カ月に一度「ことねぎ会」全体で勉強会を行い、質の均一化を図るよう努力している。生産に甚大な被害をもたらす害虫や病気の発生状況を生産者に伝達することで、深刻な事態を防ぐことができる。併せて散布すべき薬剤に関しても、早期に契約農家と情報共有することで、リスクの軽減に努めている。

こうした生産者グループとネットワークの構築を図ることは、6次化事業として珍しいことではない。小田（2013）らが6次産業化事業の展開形態として示したタイプで見ると、こと京都は「生産者グループ連結型」に区分される。この形態の特徴は、新規生産者の入会および育成を含めた生産者グループに対するネットワーク・ガバナンスの必要性である。ネットワーク・ガバナンスが求められる結果、経営体の生産部門は縮小し、加工部門へ移っていくことになる。これに対して、こと京都はネットワーク・ガバナンスを重視した経営を行っているものの、従来の生産者グループ連結型には見ることのない点もある。こと京都の生産部門は、設立当初の生産規模を維持し続けている。その理由として、ことねぎ会が縮小傾向にあるためではない。生産部門は原材料のバッファー的機能を果たすと同時に、経営体発展に向けた「人材育成の場」と捉えているためである。ことねぎ会は、もともと近隣農家によって形成された組織体であるため、理念の共有、品質・数量など、様々な側面で価値基準が異なり摩擦が生じやすい。摩擦を抑えるには、ことねぎ会の構成員を自社で純粋に育成しなければならない。こうした点で、生産部門は人材育成の場として重要な役割を果たしているのである。

また摩擦を抑えることが、安定的な原材料確保につながり、規模拡大においても重要となる。従来に見る生産者グループ連結型とは異なる発展こそが、こと京都の強みと言える。こと京都は、６次化発展における全般的課題とともに、連結型の課題に対応したマネジメントを展開している企業体と言えよう。

２．こと京都における原材料の安定化策と単一種生産の意義

（1）原材料調達の安定化に向けた取り組み

契約農家が、九条ネギを出荷する方法は２通りある。契約者自ら収穫・選別を行い供給する他には、こと京都の収穫を専門とする部門（以下、収穫部隊）が契約農家先に出向き収穫する方法である。高齢農家が九条ネギを生産する場合、仮に農地に余裕があったとしても、現状を超え生産規模を拡大することは難しい。生産規模の拡大を図ることは可能であるが、問題はその後の収穫である。収穫は、時間との勝負になるため体力が求められる。そのため、高齢農家が生産規模を拡大することは困難となる。それをこと京都が全面的に引き受けるとなれば、契約農家は生産拡大に対し前向きに検討することが出来る。契約農家側に利活用可能な農地があり、さらに、こと京都の事業規模拡大に伴い原材料がこれまで以上に必要となれば、収穫部隊の存在が双方に利益をもたらすことになる。ネギを生産するうえで重要となる点は、生産者の持つノウハウである。ネギの生産は、熟練農家に任せ、成長したネ

ギを収穫部隊が行えば、こと京都は企業規模拡大を図ることが可能となる。

こと京都が取り組む6次化の意義を考察すると、次の点を指摘することができる。こと京都は、昨今深刻化する農業の高齢化問題に対し、その一翼を担っている。今村（2010）が考察したように、6次化の推進主体は、その全体の約4割が60歳～69歳といった高齢者によって占められている。こうした高齢者による6次化の実態を踏まえ、その目的を振り返ると、地域資源の活用、農林水産物の利用促進および新事業創出を通じた農業・農村振興である。6次化本来の趣旨である農業・農村振興を促すのであれば、若年者が推進主体となり、持続的活動が重要になる。しかしながら、農業従事者の割合を見ると、周知のように、その多くは高齢者であるため、若年層が主体となった6次化を期待することは極めて厳しい状況にある。したがって、現状を踏まえた6次化による農業・農村振興には限界がある。

これに対して、こと京都が進める6次化は、高齢化が進む日本農業の実態に即した形で農業・農村振興に寄与している。こと京都の事例は、原材料を確保しつつ、自社（こと京都）の規模拡大化を図ると同時に、現代農業の課題にも重要な示唆を与えてくれる。延いては収穫だけでなく、選別をもこと京都が担えば、高齢化が進む農業者の収益押し上げにもなる。

ただし、こと京都が収穫・選別を行う場合、購入単価は低くなる。ネギ1キロあたりのコストを見ると、その内訳は約6割が選別に掛かる人件費で占めるため、こと京都が収穫・選別を行うと納入単価は必然的に下がることになる。逆に生産者が収穫・選別を自前で行うのであれば、購入単価が高くなる。しかしながら、高齢農家にとってネックとなる収穫作業の必要性が無くなり、また利益向上につながるとなれば、双方合意した形で契約を進めることができよう。

このような役割を担うこと京都の収穫部隊には、15名の社員が存在している。収穫部隊は収穫を専門とするため、本来は難しいと言われる台風後のネギ収穫に関しても熟知している。この専門部隊の存在は、こと京都にとって大きな意味を持つ。収穫部隊には、自社にて養成する研修生も含まれるため、新規就農を目指すうえで不可欠な収穫知識を習得できる利点も持ち合わせている。したがって、こと京都は原材料を確保する中で農業・農村振興の形成を図るとともに、進行する過疎化における新規就農に向けた人材育成を展開する組織体と捉えることができる。

(2) 単一種生産活動を支える加工技術

ことねぎ会は、安定した原材料を確保する重要な供給源である一方、この存続においては契約農家に対し、一定水準の利益を支払うことが義務付けられる。そのため、ことねぎ会の維持・存続には通年契約が必要であり、その結果、こと京都は九条ネギに特化していると思われる。しかし通年契約を結ぶためには、高度な加工技術が要求される。季節の変化は、作物の品質を大きく左右するが、どのような時期であってもこと京都は一年を通じて、契約農家より九条ネギを購入し続けなければならない。例えば冬の時期であれば、雪の影響によって九条ネギの葉先は黄色く変色する可能性が高い。したがって、カットを専門とする企業（以下、カット業者）は年間を通じ一定の品質を保持した荷受け基準（高基準）を設けている。荷受け基準の低設定は、後にカットする際のコスト増につながるためである。一般的に、カット業者の利幅は非常に低いと言われている。そのため、歩留まり低下は即赤字へとつながる。そこでカット業者が求める品質は必然的に高くなり、また厳格に定められているのである。荷受け基準の厳格化は、カット業者にとって赤字に陥る危険性を排除する最善の策といえる。そのため、業界内では単一品種に限定し、契約栽培を行うことは困難とされてきた。

これに対してこと京都は、荷受け基準をカット専門企業より柔軟に設定し、九条ネギが廃棄されることのないよう契約農家より仕入れている。雪の影響であれば、変色する部分は上部であるため、下部はカットネギとして十分に商品としての価値を持つことが多い。つまり一般的に考えられる基準（カット業者の基準）に満たない「歩留まりの悪いネギ」を使用すれば、B級のカットネギになるわけではない。もちろん原体として出荷するのであれば、商品としての価値は皆無に等しいが、カットネギであれば正規品として販売することが可能となる。このように最終製品として支障がなければ、荷受けの基準を競合他社より柔軟に変動させることができる。もちろん、カット作業は従来と異なるため、手間が掛かることになる。

このようにして、こと京都は競合他社が荷受け不可能なネギであっても、それを正規品として加工することにより、単一品種に限定した契約栽培を可能としている。これは、藤本（1997）が日本製造業の強みを研究する中、組織能力に着目し、指摘した「けがの功名」と似ている。こと京都は、九条ネギに限定したビジネスを展開せざるを得ないため、荷受け基準の緩和を余儀なくされた。緩和した分、歩留まり率が低下することのないよう、結果的に組織として高い改善能力（加工技術）が求められることになる。それが功を奏し、こと京都は組織能力を高め続けることが出来るサイクルを組織内部で確立できた可能性が高い。

また野菜の品質に大きな影響を与えるのが天候であり、これが悪化した状況下においても、こと京都は常に一定の価格と収量を安定させなければならない。年間一律の基準を設定すると、過去には、ことねぎ会の生産者であっても商品価値が低いものを混在させ納品し、契約栽培に対応する者もいた。そこでこと京都は、カット可能な許容範囲を熟知するとともに、高度なカット技術を蓄積することによって、一年を通じて契約農家が安心し、供給できる体制の構築に努めている。高度な加工技術の蓄積が、ことねぎ会存続に重要な役割を果たしていると言える。また九条ネギの特徴として、夏は細く柔らかく、冬は肉厚に育つ。こうした特徴を無視し、一律の品質を生産者に設けること自体、無理な要望である。こと京都は、季節に応じ生産者と直接対話を行い、廃棄のないようカットネギとしての品質を落とすことなく、原材料の確保に努めている。

こと京都のカットネギは、関西圏のスーパーをはじめ、大手外食チェーン店、有名料亭など、多岐にわたる分野で使用されている。したがって、こと京都は様々な形態の飲食店に応じた加工ねぎを提供しなければならない。これは、分野に応じたカット技術が求められることを意味する。この点についても同様に、ネギのみを扱う結果、熟練の度合いを高めることができた。競合他社は、多品種に対応した事業を展開するため、ネギの特性をこと京都のように熟知しているわけではない。様々な野菜を扱うのであれば、必然的に加工知識も広く浅くなる。その点こと京都は、ネギ本来の旨味を引き出す加工技術に特化しなければならない。この他にも、日持ちを意識したカットの工夫をするなど、ネギに関する多種多様な技術を熟知している。さらにこと京都は、既に指摘したように、自社でもネギを生産しているため、現場の経験・知識を加工に反映させることで、日々カット技術を向上している。こうした点が、ネギ専門に扱うこと京都の強みと言える。まさしくこと京都は、組織能力を活かし、単一品種の課題を利点に変え、安定供給を図っている。

こうした加工面における現場努力はまた、単一種による事業拡大にも貢献し、質の担保だけでなく、それが将来、ことねぎ会の維持・拡大につながるのである。それでは、次に量的側面において、こと京都が展開する販売面の方策を考察していく。

3．経営の安定化に向けた事業拡大と人材育成を通じた原材料の確保

（1）事業規模の拡大に向けた加工品・流通・販売活動

加工技術の蓄積は、ことねぎ会より安定した原材料を確保する際、重要な役割を果たしていた。そしてこれに加え、経営の安定化に不可欠となるのが販売面における創意工夫である。こと京都の主な取引先は、現在のところ関西圏であるものの、ことねぎ会の維持・拡大には新たな販売先を確保することが必要となる。加工技術の質的向上に加え、販売面における量的側面を担保することによって、6次化における安定した企業経営が可能になる。そこでこと京都は、関西以外にも新規取引先の開拓に乗り出している。九条ネギは、京野菜を代表する野菜ではあるが、認知度の高さと販売が常に比例するわけではない。実際に、こと京都の営業担当者が関東圏の取引先（小売店）

に出向いた際、店内にて「どう食べたらいいのか」と顧客から聞かれることがよくあったという。こうした状況は、顧客も九条ネギに関心を持ってはいるが、その調理法まで把握していないため、購入に至ることが難しいことを意味する。

そこでこと京都は、このような状況を打破すべく、２次加工に乗り出している。２次加工品に取り組む重要な目的は、あくまでも主力のカットネギ需要につなげることである。関東圏の消費者は、九条ネギそれ自体を認知してはいるものの、先にも述べたように、調理法まで理解している者は少ない。そこでまず、消費者が比較的購入しやすい２次加工品（ドレッシングなど[12)]）を生産することで、九条ネギに対する消費者の関心を高め、やがてはカットネギをも販売できるよう事業を戦略的に展開している。たしかに、乾燥もしくはペーストした九条ネギの販売に合わせ、カットネギの利用法に関する情報を消費者に提供することができれば、販路拡大の可能性が高くなる。

他にも、こと京都が２次加工に取り組む理由として、廃棄ネギを無くし利益拡大を図るためである。実際にこと京都が取り組む乾燥ネギやパウダーは、既に大手パンメーカーをはじめ、様々な大手企業が取り扱う１次原料に使用されている。こと京都は、年間を通してカットネギの加工体制を確立しているものの、月ごとに取引先へ出荷する生産量を一定に保つことは難しい。特に１次原料は、メーカーの意向に強く左右されるため、各月の出荷量にバラツキが生じやすい。最悪のケースは、メーカー側のメニュー改編によって、納入期間が短期間（中には数週間）で終了することも珍しくない。

また天候不順が起きれば、原材料にもバラツキが生じるため、加工現場など、様々な側面でコスト増が予想される。そうなると、こと京都の売り上げは減少することになる。そして、このような時期においても、契約農家より原材料を予定通り購入し続けなければならない。そのためには、一定の売り上げを毎月確保することが重要となる。そこで経営の安定化を図る策として、加工品を販売することが持続的企業経営にとってのカギになる。

こと京都が小売り用の加工品を生産し、ネット販売・量販店を通じて利益を得ることができれば、確保した原材料の無駄を省くと同時に、収益の安定化にもつながる。2015年の段階では、すべてのネギを加工することが困難であったため、廃棄ネギが生まれ、これを減らし収益の安定化を図ることが、重要な課題の一つとなっていた。しかし現在では、従来廃棄していたネギを乾燥させ、廃棄ゼロに向けた活動を積極的に展開している。ネギを乾燥させれば、長期保存が可能となる。しかし乾燥ネギの状態にすることが、廃棄ゼロに帰結するわけではない。ここには、賞味期限といった大きな問題がある。

乾燥ネギの賞味期限は１年であり、したがって８カ月前までに販売できなければ、商品価格を値下げする必要性が高まる。全ての廃棄ネギを乾燥させたとしても、それを４ヶ月以内に卸へと販売することができなければ、廃棄以上に無駄なコストが発生することになる。廃棄ネギを加工するにおいても、稼働費が必要となるため、販売先を事前に確保しなければ大きなリスクとなる可能性がある。このようにネギを廃棄することなく、付加価値を見出すことは極めて困難である。こうした中、次にこと京都はネギの冷凍市場に目を付け、廃棄ゼロを目指している。冷凍技術を用いたネギの廃棄は、乾燥ネギよりも遥かにその確立が高くなる[13)]。

こと京都が展開する現在のビジネス割合を見ると、65％をカットネギの状態で出荷し、25％は原体で卸している。このように、生鮮の中でもカットネギと原体を主軸にビジネスを展開しているが、リスクを勘案し、昨今では加工（１次加工、２次加工＝３％）や冷凍（７％）にも注力する形で安定した原材料の確保を目指している。また２次加工品は、今後こと京都がグローバル展開する際の一助になると思われる。関西では馴染み深い九条ネギであるが、関西圏以外でも認知されているとは言えど、まだまだ異文化であり、２次加工品を用いた九条ネギビジネスを関東圏、あるいは東北地方などに浸透させることができれば、それは今後のビジネスを展開するうえで貴重な経験になると思われる。特に東北地方で販路開拓することができれば、こと京都にとっても更なるビジネスチャンスにつながる。昨今、こと京都におけるカットネギの販売割合が関西と関東で比較した際、約50：50になっていると言う。これは、こと京都の営業部門の努力結果であることはもちろん、関東圏におけるカットねぎ市場が拡大した側面もある[14)]。こと京都は海外における販路開拓についても、将来の方向性として視野に入れている。グローバルを見据えた場合、異文化ともいえる関西以外の地域に参入することができれば、新たな諸外国参入に対する良い経験となる。商品自体の味覚、色、マーケティングなど、様々なスキルを習得することがグローバル展開を進める第一歩となる。日本国内にて、2次加工品を用いた九条ネギの販売戦略を展開するだけでなく、関東圏におけるカットネギ需要の拡大要因を分析し、初めてグローバル展開を本格的に見据えることも可能になる。

以上のように、更なる飛躍を遂げるその根底には、ことねぎ会に属する契約農家との関係性が重要になる。その際に留意すべき点として、上田(2013)は金印わさび株式会社とその原材料供給先である契約農家を考察する中で、意思伝達の不足から生じた認識の齟齬による農家離れを指摘している。こと京都も規模が拡大する中で、認識の齟齬によって、築き上げた信頼関係に亀裂が生じることのないよう、細心の注意を払う必要がより一層求められることになる。

(2) 原材料の確保に向けた人材育成

こと京都では、年間6名を限度に研修生を募集し、人材育成に注力している。現在は、4名の研修生を受け入れ育成中である[15)]。農家の子弟は極めて少なく、研修生の多くが農業経験のない素人である。研修生に対するカリキュラムは実践であり、座学を行うことはない。このような研修制度を設けるとともに、こと京都側が面接で念押しすることがある。研修生制度は、栽培技術を教えるためのものではないことを伝え、「農業経営を学ぶ制度」ということを強調している。全国的に研修生制度を行う農業系企業は多数存在するが、こと京都は研修について、栽培技術を学ぶための研修と、経営者になるための研修の2種類あると考えている。そしてこと京都は、後者であり、農業経営を学ぶための研修生制度を設けている。この研修制度の興味深い点は、研修生にとって重要な研修期間後の出口を見据えているところにある。

研修期間の当初２年は、社員と伴に自社の圃場にて草取り・収穫など、農業を行ううえで必要不可欠な作業に取り組むことになる。こと京都が重視することは、まず農家として独立した後に農業ができる体作りである。実践によってのみ、農業特有の作業姿勢を学ぶことができ、その他にも天候（想定外の異常気象など）が作物にどのような影響を及ぼすのかを肌で感じとることができる。こうした経験は、農業経営者を目指す研修生にとって貴重な財産になると思われる。就農後に求められる基礎知識を研修期間中に疑似体験させることで、農家として生きる力が身に付くのである。

また擬似体験を積ませるだけでなく、自社の経営手法や売り上げ数値などを全て研修生に公開することで、経営側面でも積極的な技術移転を図っている。具体的には、正社員に限定した全体会議（月一回開催）にも研修生を参加させ、刻一刻と変化する市場環境に関する情報共有がなされている。さらに年１回、社員全員に配布する経営指針書も研修生には手渡してきた。この経営指針書には、その年度の生産計画、昨年度実績、経常利益の外、直近３カ年の実績や景気予測だけでなく、各部門の課題も全て記載されている。こうした経営ノウハウを研修生には余すことなく移転し、農業経営と対峙する機会を作り出すことにより、研修終了後に必要な力を習得させていた。

就農するうえで重要なことは「ものづくり」であるが、生産物を販売できなければ組織の存続自体が成立しない。したがって、こと京都は研修制度が終了した後、修了生が生産したネギを全て購入している。こと京都が修了生からねぎを購入することは、修了生にとって大きなメリットがある。就農後の生活を軌道に乗せやすく、安定した収入を得ることが出来る。そしてこと京都もまた研修生を単に育成するだけでなく、ネギを購入することに意味がある。研修制度によって次世代を担う農業経営者を育成することは、地元京都の農業発展に貢献することはもちろん、高齢化しつつある「ことねぎ会」の若返りを図り、持続的に安定した原材料の確保が可能となる。こうしたこと京都の取り組みは、福田（2016）が農業外の法人による農業経営に参入する際の課題として捉えた「原料調達の安定化」を解決する糸口になるものと思われる。

こと京都による研修制度の特徴は、５年の研修期間を設けている点である。多くの農業系企業による研修期間は、時期を２年に限定している。これに対して、こと京都が５年の研修期間を設定する理由は、農業経営および就農にあたり最低限必要な期間を５年と見ているためである。ハウス栽培であれば、年間を通して何十回転も生産が可能になる。しかしながら、こと京都の九条ネギ栽培は露地であり、ハウス栽培と大きく異なるため、より困難なものとなる。研修生が、５年の間で九条ネギ生産に携わる経験は５回にすぎない。そして同季節であったとしても自然相手のため、常に同様の生産方法が毎年通用するわけではない。生産にあたっては、自然環境に合わせた露地栽培を行わなければならない。ましてや研修生は独立しても、経験値が低く、周年栽培を当初から行うことは不可能に近い。そこでこと京都は、研修生にどの時期を対象として九条ネギを生産するのか選択させ、その時期に特化した経験が積めるようにしている。一年を通して収穫体験させるのではなく、一季５年にこだわった研修を行う意図はここにある。

九条ネギに精通していること京都であっても、生産面で毎年様々な課題があり、改善するため試行錯誤を繰り返し行っている。そのため研修生には、同季を修了まで経験させることで、問題が起きた時の経験値を高める点に注力させている。こうした理由により、こと京都の研修制度は他企業の研修制度と異なり５年もの長い年月を設けているのである。

またこの研修制度は、新規就農者が深刻な課題として抱える農地確保にも重要な役割を担う。こと京都は、九条ネギの生産地を時期により区分している。夏の九条ネギは南丹市の美山町で生産し、研修生が夏の九条ネギを希望すれば、美山で５年経験を積むことになる。研修生は、美山町で九条ネギの生産に携わるが、時間の経過とともに、地元の生産者や地主と接点も生まれやすくなる。また２年目以降は、ネギの収穫期に限定し、その地に出向くのではなく、希望する土地（美山町や亀岡など）に移住させている。この移住こそが地元住民との緊密な関係を作り出し、研修終了後に新規就農するうえで重要となる。

研修制度を導入した初期、農家だけでなく地元住民も研修生を相手にすることはなかったという。農業の世界では一般的に研修生は「直ぐに辞める」といったイメージが強い。単に辞めるだけではなく、農家や地域住民と摩擦を生みだすケースも報告されている[16]。もちろん一方的に新規参入者を非難できるものではない。受け入れる農村側にも課題が存在する。酒井（1998）が指摘しているように、これまで世襲制の下では外部者を受け入れる風土がない。そのため、これを拒む地域的特性もまた新規参入を妨げてきた[17]。それが原因となり、地主と新規就農者間で摩擦が生じやすい。

研修生の中には、５年の歳月を要すことなく実力をつけ、こと京都の農作業（自社農場の生産及び収穫）に関するリーダーもしくはサブリーダーにまで昇格する者もいる。ここまで昇格した研修生は、収穫作業の管理ができることを意味する。そのため、地主が地域内において研修生の姿を実際に何年にも渡りその努力する姿を目にする結果、信頼を得やすくなる。こうした中で、こと京都が研修生に関する情報を地主に伝え、更に研修終了後、就農した際に生産したネギについては全てこと京都が買い取ることを確約するとなれば、研修生の土地借用の可能性が極めて高くなる。こと京都は、研修生の真摯な態度を時間の経過とともに自然と地元住民に対して示すことで、就農が可能な出口を見据えた人材育成に取り組んでいる。

こうしたこと京都の研修制度に対する取り組みは、未だ解決の糸口が見えない耕作放棄地問題にも重要な示唆をもたらす。新規就農者数は**表4-1**のように推移し、何ら問題がないように見える[18]。しかしながら、耕作放棄地をうまく利活用できていないのが実情である。政府は中間管理機構を設け、土地の利活用を効率的に行おうとしているが、成功しているとは言い難い[19]。2013年から現在に至るまで、こと京都では20名もの研修生を輩出している。そして、そのうち９名が新規就農（亀岡４名、美山４名）に成功しているとのことであった[20]。その際、全員がことねぎ会に所属するのはもちろんの

表 4-1　新規就農者数の推移

単位：人、%

	全体		全体			49歳以下		
		49歳以下	新規自営農業就農者	新規雇用就農者	新規参入者	新規自営農業就農者	新規雇用就農者	新規参入者
2007年	73,460	21,050	87.7	9.9	2.4	70.5	25.6	3.9
2008年	60,000	19,840	82.7	14.0	3.3	60.6	35.1	4.3
2009年	66,820	20,040	85.9	11.3	2.8	66.1	29.3	4.6
2010年	54,570	17,970	82.1	14.7	3.2	60.7	34.1	5.2
2011年	58,120	18,600	81.0	15.3	3.6	56.2	37.4	6.3
2012年	56,480	19,280	79.6	15.0	5.3	54.7	34.1	11.3
2013年	50,810	17,940	79.5	14.8	5.7	56.2	32.3	11.4
2014年	57,650	21,860	80.4	13.3	6.3	60.6	27.3	12.1
2015年	65,020	23,030	78.5	16.0	5.5	54.4	34.7	10.9
2016年	60,160	22,050	76.5	17.8	5.7	51.7	37.1	11.2
2017年	55,680	20,760	74.6	18.9	6.5	48.6	38.3	13.1
2018年	55,810	19,290	76.6	17.6	5.8	51.2	36.6	12.2
2019年	55,870	18,540	76.5	17.8	5.7	49.5	38.2	12.2
2020年	53,740	18,380	74.6	18.7	6.7	45.9	40.0	14.0

出所：農林水産省「新規就農者調査」各年次より作成。

こと、研修先の耕作放棄地を借り受け、新規就農している。こと京都が行う研修制度は、こうした点から見て意義深いものがあると言えよう。

以上のように、こと京都は、安定的な原材料の確保を行うため、将来を見据えた新規就農者の育成を展開していた。さらにこと京都の研修制度は、耕作放棄地をめぐる諸課題にも重要な視座をもたらす可能性を秘めている。研修生が新規就農する場所は過疎化が進む地域であり、その土地にもたらす影響は大きい。研修生が過疎地に移住することによって、中山間地域が抱える田畑の維持管理に必要な作業者不足の問題にも役割を果たしている。このように、こと京都は自社における将来の安定的な原材料確保を目指す中で、新規就農者を育成し、更には農業の高齢化および過疎化に対応した事業を展開していたのであった。しかしながら、こと京都の研修制度は現在のところ全国規模で認知されていないため、募集人員が毎年定員を満たしているわけではない。今後の課題としては、募集人員を満たすことが今後さらなること京都の発展にとって重要な課題となる[21)]。またこの他の課題としては、こと京都自体が認識しているように、更なる販売先の確保である。規模拡大を目指す際、これまでは原材料の確保に関して積極的な取り組みを行ってきた。そしてこの取り組みとともに、次の課題として販売先の確保が重要になりつつある。販売先を確保するためには、即戦力となる人材が重要となるため、中途採用に力を入れている[22]。さらに今後は、中途採用を通じた次世代を担う経営者の育成にも焦点を当てた経営が不可欠になる。

おわりに

本稿では、６次化の進展に伴い事業規模が拡大する中、重要な課題となる安定的な原材料の確保とそれを可能にする人材育成に焦点を据え考察した。こと京都は原材料を確保するため、自社の圃場に限り九条ネギを栽培するだけでなく、ことねぎ会を形成し、そこから安定的に原材料を確保し続けていた。しかし、ことねぎ会も時間の経過とともに生産者の高齢化が進展し始めていた。高齢化は、こと京都が今後も事業規模を拡大するのであれば、軽視することができない課題である。そこでこと京都は、自社において研修生を募集し、新たな農業（九条ネギ生産）の担い手を育成していた。こと京都が進める人材育成で重要となる点は、営農に必要な生産技術や経営ノウハウを移転するだけではなく、その後の出口となる新規就農を視野に入れていることである。つまり、研修制度を設ける企業は多く存在するが、新規就農に必要な農地を視野に人材育成を図る企業は極めて少ない。ここにも、こと京都の存在意義がある。

昨今では、耕作放棄地が問題となりつつも未だ、新規就農者にその土地が貸し出される事例は限定的である。そのため、こと京都では研修生を一定期間、自社の圃場がある美山や亀岡に移住させる中で生産技術など、営農に必要なスキルを蓄積させるとともに、地域住民との交流を促し研修生が地域に信頼されるような取り組みを行っていた。そして新規就農において、就農者に対する信頼（人間性）とともに重要となるのが、新規就農後の持続性である。この点を担保することができなければ、例え地域住民（地主）から研修生が信頼を得たとしても、土地の賃借は難しい。そこでこと京都は、研修生が新規就農した後、栽培した九条ネギを全量買い取ることを地主に説明し、言い換えれば、こと京都が研修生の後見人となることで、新規就農を促進させていた。こうした新規就農が可能となる土地は基本的に耕作放棄地であり、また過疎地であるため、こと京都はことねぎ会の若返りを図るとともに、社会的課題である過疎化や具体的な農村振興の在り方において、有意義な示唆をもたらすと言えよう。

謝辞

本章を執筆するにあたり、こと京都株式会社　執行役員 本部長 宮川光太郎氏（役職は2021年12月13日時点）には何度も長時間に渡りヒアリング調査にお付き合いいただきました。この場をお借りし、深くお礼申し上げます。

注記

1）農林水産省編（2017）『食料・農業・農村白書』、農林統計協会134頁を参照されたい。
2）農林水産省ホームページ（http://www.maff.go.jp/j/tokei/kouhyou/rokujika/2021年11月3日アクセス）
3）室屋谷有宏（2014）『地域からの6次産業化』創森社を参照されたい。
4）戦後日本の食量・農業・農村編集委員会（2018）『食料・農業・農村の6次産業化』農林統計協会、第6章　尾松数憲「生産者と消費者が連携し協同型の農業農村づくりをめざす―農業生産法人（有）王隠堂農園・（株）パンドラファームグループの挑戦―」132～133頁を参照されたい。
5）例えば、北海道オホーツク地域においては、東京農業大学生物産業学部が6次化に対応する積極的な人材育成を展開している。詳しくは、菅原（2012）「オホーツクものづくり・ビジネス地域創成塾の展開」『農家の友』第64巻第3号、62～64頁を参照されたい。もちろん、知識の習得に合わせ、所（2015）が指摘するように、販売先を確保することも重要となる。この点においても大学が主体となり、6次化を後押しするための販路開拓が積極的に展開されており、地域発展に大きな役割を果たしている。
6）2002年時点では「有限会社竹田の子守唄」であったが、2007年に社名を現在のこと京都株式会社に社名を変更している（2015年11月8日ヒアリング調査）。
7）また、こと京都は九条ネギだけでなく、2004年に卵の販売を開始し、2005年には菓子部を発足させ、その翌年に菓子店を開店するなど、手広く事業を展開する企業である（ことグループ経営年表を基に叙述している）。他にも2021年に入り、岩手県陸前高田に工場・生産を展開している。

8）九条ネギ市場の数字は、2021年10月25日のヒアリング調査（Zoom）を基に叙述している。実際には、これ以上の可能性もあるとの指摘があった。

9）2019年には40戸の農家数であったが、「ことねぎ会」に所属する農家数は現在32戸である。減少の理由としては、高齢化だけでなく、昨今の気候変動による生産被害が大きい。32戸のうち、こと京都の人材育成によって新規就農した農家数は８戸である。今後はこうした新規農家の生産拡大に向け、こと京都が支援する形になる。

10）この他にも、ことねぎ会に入会する際、将来的にGAPを取得するかどうかも重要な点になる（2017年12月25日、に行ったヒアリング調査を基に執筆）。

11）この点については、こと京都よりヒアリングを行った結果であるため、今後は契約農家からも同様にヒアリングを実施する予定である。

12）商品数については、こと京都ホームページを参照されたい。（http://www.kotokyoto-shop.com/ 2023年9月4日アクセス）

13）冷凍技術は、岩谷産業と別会社を立ち上げ、そこで冷凍し、こと京都が再度買い上げる形で廃棄ゼロを目指している（2017年12月25日14時〜宮川光太郎氏に行ったヒアリング調査を基に執筆している）。

14）こと京都はラーメン店に多く顧客を抱えているため、販売の割合が個人客よりもチェーン展開する企業であれば、チェーン店の多店舗展開によって関東圏のシェア率は必然的に高まることになる。実際にこと京都が取引を行うラーメン店を見ると、関東圏への多店舗展開しているケースもある。またコロナ禍の影響により、現在は生協の共同購入を利用する割合が高まった結果、冷凍のカットネギが関東圏において順調に推移している。これは関東圏だけでなく、全国的に生協の共同購入を通じた冷凍のカットネギが浸透しつつある。

15）2021年時点で、１期生〜７期生まで修了生を含め、24名が在籍していることになる（2021年11月時点）。

16）2015年11月８日13時30分より、約２時間にわたり京都ファーム梶谷和豊氏に対して行ったヒアリング調査を基に執筆している。農地を中途半端に耕したまま、放置し音信不通となるケースがあるとのことであった。

17）酒井惇一編（1998）『農業の継承と参入』農山漁村文化協会、酒井惇一「継承と参入問題生成の背景」（第３章）の58〜62頁を参照されたい。

18）この制度は、貸し付ける相手の顔が見えないため、農家が進んで中間管理機構に農地を預けるのは難しい。安藤（2017）「農地中間管理事業を活用した農地利用集積推進の現状と課題」『土地と農業』第47巻、３月号19頁を参照されたい。

19）中には離農した研修生や、他地域（奈良県）で就農した者など、終了後の進路は多岐にわたる。中には、社員として活動している修了生もいる。
20）現在、研修生制度に応募者が集まるようホームページだけでなく、全国農業会議所が主催する新・農業人フェアでも認知度を高めるなど試行錯誤を行っている。農業大学校や近県の農業専門学校、さらには大学にも募集広告を送付している。ただこの問題は、現段階で実績がないため、実績ができるとともに一定程度解消していく可能性がある。
21）2019年2月19日14時～15時30分にかけ、宮川光太郎氏に行ったヒアリング調査を基に執筆している。

引用・参考文献

1．安藤光義編（2007）『集落営農の持続的な発展を目指して―集落営農立ち上げ後―』全国農業会議所
2．酒井惇一編（1998）『農業の継承と参入』農山漁村文化協会
3．戦後日本の食量・農業・農村編集委員会（2018）『食料・農業・農村の6次産業化』農林統計協会
4．室屋有宏（2014）『地域からの6次産業化』創森社
5．藤本隆宏（1997）『生産システムの進化論』有斐閣

引用・参考論文

1．安藤光義（2017）「農地中間管理事業を活用した農地利用集積推進の現状と課題」『土地と農業』第47巻、3月号4～40頁
2．今村奈良臣（2009）「農商工連携の歴史的意義」『農業と経済』第75巻、第1号
3．今村奈良臣（2010）「農業の6次産業化の理論と実践―人を生かす　資源を活かす　ネットワークを広げる」『SRI』第100巻3～9頁
4．上田智久（2013）「地域活性化における共存・共栄理念の意義と継承性：金印わさび株式会社を事例に」『オホーツク産業経営論集』第22巻第1・2号、23～38頁
5．大竹伸郎（2016）「日本における農業の6次産業化の展開と地域的特徴」『環境共生研究』第9巻、95～104頁
6．小田滋晃・長命洋祐・川崎訓昭・長谷祐（2014）「六次産業化を駆動する農業企業戦略研究の課題と展望―ガバナンスとコンフリクトを基調として―」『生物資源経済研究』第19巻、73～94頁
7．大歳昌彦（2010）「首都圏の有名ラーメン店に飛び込み営業、年商4億円のネギ農家に」「PHP Business Review」第59巻、42～49頁
8．清原昭子（2016）「農業経営の多角化と連携とは何か」『農業と経済』、第82巻、

4号、123～139頁
6．杉田直樹・中嶋晋作・河野恵伸（2012）「農商工連携、6次産業化の類型的特性把握」『日本農業経済学会論文集』、234～239頁
7．菅原優（2012）「オホーツクものづくり・ビジネス地域創成塾の展開」『農家の友』第64巻第3号、62～64頁
8．高橋龍二（2010）「アグリビジネスの創出と自治体の政策支援」『フードシステム研究』第17巻1号、36～42頁
9．高屋聡・小野浩幸（2016）「6次産業化における事業成長に関する研究」『地域活性研究』第7巻、247～257頁
10．宮部和幸（2013）「青果物における規格外品の新たな活用―農業生産法人こと京都㈱の取り組み―」『農業および園芸』第88巻第4号、442～446頁
11．福田晋（2016）「6次産業ブームに潜むバリューチェーンの現実と課題」『農業と経済』第82巻、第4号、39～46頁
12．所吉彦（2015）「6次産業化の現状および課題解決に向けた一考察―九州ブロック熊本県を事例として―」『尚絅大学研究』第47号73～88頁

第Ⅱ部

北海道における農業の６次産業化の挑戦

第5章

北海道における6次産業化の動向

菅原　優・小川　繁幸

1．北海道における6次産業化と地域的特徴

北海道の基幹産業である農業は、豊富な農畜産物資源を基盤に日本の“食料生産基地”として確固たる地位にあり、2021年の農業産出額は1兆3,106億円で、全国の14.8％を占めている。しかし、北海道の農産物や水産物の殆どは、一次加工は行っても最終製品に仕上げるケースは限られている。農産物はホクレン農業協同組合連合会を中心とした加工原料農産物の集出荷に特化した生産・流通構造になっており、首都圏や大消費地へ大量に農畜産物を流通させている。例えば小麦は製粉会社を経て小麦粉として和麺やパン、菓子類の原料として、てん菜は砂糖の原料として、馬鈴薯の多くは澱粉原料用として加工されているが、これらは海外からの輸入競争にもさらされている。

近年の北海道では「米チェン」や「麦チェン」といった取り組みのなかで、米や小麦の北海道内での消費を拡大する運動が行われてきているが、全体としては原材料を道外へ移出している割合が高い。

また、北海道は都府県とは異なる産業構造[1)]を有し、狭隘な労働市場のもと、農業経営の規模拡大と法人化が進展してきたが、数多くの離農によって北海道の農山村地域では人口の流出や少子高齢化・過疎化が着実に進行している。そのため、地域コミュニティの維持、地域の産業振興・雇用の創出といった諸課題[2)]を抱えている地域も多い。

本章では「農林業センサス」を用いて北海道の6次産業化の動向や地域的な特徴を踏まえたうえで、6次産業化を継続的に取り組む事例を紹介したい。

表 5-1　全国における農業生産関連事業を行っている農業経営体の割合 (2020 年)

	農業生産関連事業を行っている実経営体数		
		割合（%）	増減率 15→20 年
全国	230,834	21.5	－8.1
北海道	5,528	15.8	4.6
都府県	225,306	21.6	－8.3
東北	30,754	15.8	0.9
北陸	14,040	18.4	－9.2
関東・東山	59,257	25.1	－8.8
東海	25,076	27.1	－7.2
近畿	29,463	28.4	－5.7
中国	21,801	22.6	－8.5
四国	13,929	21.3	－11.4
九州	30,082	18.3	－16.2
沖縄	904	8.0	－22.1

資料：農林水産省「農林業センサス」各年次
注：農業生産関連事業とは、農産物の加工、販売、観光農園、貸農園・体験農園等、農家民宿、農家レストラン、海外への輸出、その他となっている。

はじめに、北海道における６次産業化への取組状況を見てみよう。**表5-1**は「2020年農林業センサス」において農業生産関連事業を行っている農業経営体の動向を地域別で示したものとなっている。農業生産関連事業には農産物の加工、消費者に直接販売、観光農園、貸農園・体験農園等、農家民宿、農家レストラン、海外への輸出に加えて、2020年から小売業と再生可能エネルギー発電が加わっている。まず2020年時点における農業生産関連事業、すなわち６次産業化に取り組む農業経営体数の農業経営体に対する割合は、全国で21.5％であるのに対して、関東・東山、東海、近畿で25％以上と高い割合となっている。消費人口が多いエリアではビジネスチャンスも多いと言える。一方、北海道は東北とともに15.8％となっており、全国平均よりも低い。首都圏に対して周辺・遠隔地域では、１経営体当たりの経営面積も大きく専業農家の割合も高い地域が多く、農作業との労働力競合が６次産業化を展開するうえで課題となる。

次に５年前の2015年と比較して農業生産関連事業を行っている農業経営体の増減率を見てみると、全国的にはマイナス8.1％の減少となっており、北海道と東北を除けば全ての地域で減少傾向にある。

北海道は、2010年の6,453経営体から2015年に5,286経営体に減少するものの、全国的に事業の2020年には5,528経営体へと4.6％の増加となっている。近年における北海道の６次産業化の動向として着目する必要がある。

2011年３月にいわゆる６次産業化法が施行され各種支援が充実したものの、全国的に事業の継続性・持続性に乏しかったのではないかと考えられる。すなわち、全国各地で新商品開発が行われたが、類似商品との競争も激化し、売上の低迷から中止したケースや経営内部の要因（規模拡大や労働力対応など）で継続できなかったケースがあったのではないかと考えられる。それまで生産に特化していた農業者にすれば、商品を開発して販売管理を自ら行うことのリスクは想像以上に大きいと考えられ、事業を継続するためには、様々な経営ノウハウの蓄積や環境変化への対応が必要であったのではないかと推察される。

次に**表5-2**で事業種類別の農業生産関連事業を行っている農業経営体の比較を見てみると、事業種類のなかで北海道が都府県に比較して高い割合を示しているのは、農産物の加工、観光農園、貸農園・体験農園等、農家民宿、農家レストラン、海外への輸出、再生可能エネルギー発電である。とくに農産物の加工は8.3ポイントの開きが見られ優位性がある。すなわちクオリティ

表5-2　事業種類別の農業生産関連事業を行っている農業経営体の比較（2020年）

単位：経営体

		北海道		都府県	
農業生産関連事業を行っている実経営体数		5,528	割合（％）	225,306	割合（％）
事業種類別	農産物の加工	1,165	21.1	28,785	12.8
	消費者に直接販売	4,547	82.3	203,053	90.1
	小売業	1,346	24.3	54,874	24.4
	観光農園	207	3.7	5,068	2.2
	貸農園・体験農園等	103	1.9	1,430	0.6
	農家民宿	117	2.1	1,098	0.5
	農家レストラン	115	2.1	1,129	0.5
	海外への輸出	39	0.7	373	0.2
	再生可能エネルギー発電	154	2.8	1,434	0.6
	その他	217	3.9	7,038	3.1

資料：農林水産省「農林業センサス」2020年

の高い加工品開発とその販売戦略によって新たな雇用や人材の確保につながる可能性を有している。

次に**表5-3**で、農業関連事業の事業種類別に北海道の地域別にその傾向を示したものとなっている。農業生産関連事業への取り組み割合が高いのは、石狩・胆振・後志の札幌圏・商工業地域であり、20%以上となっている。逆にオホーツク・十勝の道東畑作地帯、釧路・根室・宗谷の道東北酪農地帯は、北海道全体の平均値を下回っている。また、事業種類別に多いのは「消費者に直接販売」の82.3%であるが、それに次ぐのが「小売業」24.3%、「農産物の加工」21.1%となっている。北海道の人口は約550万人であるが、人口の集中する石狩（札幌市を含む）では、「消費者に直接販売」する割合が高く、道東畑作地帯や道東北酪農地帯では、「農産物の加工」の割合が高いという特徴が見られる。その意味では消費人口が少なく、札幌から離れた遠隔地のオホーツクは、直接販売の展開には不利な側面があるが、その分、加工原料の生産も含め農産加工への取り組みが多い。観光農園や農家民宿、農家レストラン等は道東畑作地帯や道東北酪農地帯でその割合が北海道平均に比べて高く、観光資源が豊富な地域では農業分野と観光分野の連携が進んでいるものと考えられる。また、再生可能エネルギー発電は、2020年センサスから加わった指標であるが、道東北酪農地帯や道東畑作地帯では取り組みが顕著となっている。

また、北海道における総合化事業計画の認定状況を見てみると、制度が開始された2011年5月の調査から2019年12月時点において合計155件が採択されている。このうち、最も多く採択されている地域が十勝の27件、上川の23件、オホーツクの22件となっており、3地域で道内の約46%を占めている。これらの地域は先進的・挑戦的に6次産業化に取り組む農業経営者や企業経営者が多い地域であると言えよう。

また、札幌市を中心とする消費地から離れている地域は基本的には生産に特化した産業構造ではあるが、加工やサービスのクオリティを上げて、いかに付加価値を高め雇用創出や地域貢献につなげていくかが重要になってくる。

表 5-3　北海道における農業生産関連事業を行っている経営体

		人口比率	農業経営体	農業生産関連事業を行っている実経営体数		事業種類別 農産物の加工		消費者に直接販売		小売業	
					割合		割合		割合		割合
北海道		100.0	34,913	5,528	15.8	1,165	21.1	4,547	82.3	1,346	24.3
札幌圏・商工業地域	石狩	45.9	2,175	663	**30.5**	90	13.6	624	**94.1**	176	26.5
	胆振	7.3	1,652	433	**26.2**	66	15.2	391	**90.3**	115	26.6
	後志	3.8	2,203	543	**24.6**	108	19.9	487	**89.7**	118	21.7
道南地域	渡島	7.3	1,523	304	20.0	45	14.8	258	84.9	99	**32.6**
	檜山	0.6	1,000	127	12.7	24	18.9	120	**94.5**	22	17.3
道央水田地帯	空知	5.4	5,910	1,139	19.3	178	15.6	980	86.0	296	26.0
	上川	9.2	5,817	1,029	17.7	185	18.0	886	86.1	235	22.8
	留萌	0.8	744	91	12.2	24	26.4	76	83.5	29	**31.9**
道東畑作地帯	オホーツク	5.2	3,956	403	10.2	175	43.4	238	59.1	91	22.6
	十勝	6.4	5,266	481	9.1	180	37.4	296	61.5	124	25.8
道東北酪農地帯	釧路	4.3	1,100	77	7.0	29	37.7	37	48.1	15	19.5
	根室	1.4	1,362	69	5.1	33	47.8	23	33.3	14	20.3
	宗谷	1.2	679	30	4.4	12	40.0	10	33.3	3	10.0
軽種馬農業地域	日高	1.2	1,526	139	9.1	16	11.5	121	**87.1**	9	6.5

資料：「国勢調査」（2020 年）、「農林業センサス」（2020年）
注：北海道全体に占める割合に対して、上回るところを網かけで、5％以上を網かけで太字にした。

こうしてみると、北海道の農業・農村においても６次産業化への取り組みが一定程度、進展していることが確認できる。しかし、日本政策金融公庫が全国の６次産業化に取り組む農業者に対して行ったアンケート調査[3)]において、６次産業化に取り組むにあたって重要と考えるものを聞いてみると、「商品の差別化・ブランド化」が67.3％、「当該事業に必要な人材の確保」が55.8％、「原材料、製品の質の高さ」が54.5％、「事業開始・継続にあたっての円滑な資金調達」が52.7％の順に高い。

これに対して、北海道地域農業研究所が北海道の６次産業化に取り組む農業者に行ったアンケート調査[4)]の結果は、「労働力不足」が31.4％、「農業生産との両立」が28.7％、「販路拡大が進まない」が25.6％、「資金不足」が23.8％の順に高くなっている。商品の差別化やブランド化、販路拡大といった課題は、６次産業化が各地で取り組まれるにつれて課題となってくる全国共通の課題と言える。また、労働力不足や人材の不足は量的な問題のみならず質的な問題、すなわち、専門的な知識や技能を有する専門的人材の確保が

単位：経営体、％

貸農園・体験農園等		観光農園		農家民宿		農家レストラン		海外への輸出		再生可能エネルギー発電		その他
	割合		割合		割合		割合		割合		割合	
207	3.7	103	1.9	117	2.1	115	2.1	39	0.7	154	2.8	217
35	5.3	21	3.2	2	0.3	11	1.7	6	0.9	6	0.9	28
27	6.2	4	0.9	7	1.6	11	2.5	2	0.5	11	2.5	26
36	6.6	14	2.6	15	2.8	11	2.0	11	2.0	2	0.4	20
7	2.3	4	1.3	2	0.7	5	1.6	1	0.3	6	2.0	5
1	0.8	1	0.8	1	0.8	1	0.8	1	0.8	-	-	7
34	3.0	19	1.7	41	3.6	13	1.1	10	0.9	22	1.9	33
37	3.6	17	1.7	16	1.6	19	1.8	4	0.4	12	1.2	36
11	12.1	-	-	-	-	2	2.2	1	1.1	3	3.3	2
8	2.0	5	1.2	7	1.7	10	2.5	-	-	16	4.0	25
9	1.9	7	1.5	19	4.0	20	4.2	3	0.6	43	8.9	24
1	1.3	3	3.9	2	2.6	3	3.9	-	-	12	15.6	2
-	-	3	4.3	3	4.3	5	7.2	-	-	11	15.9	5
-	-	2	6.7	2	6.7	1	3.3	-	-	7	23.3	-
1	0.7	3	2.2	-	-	3	2.2	-	-	3	2.2	4

必要となっている。北海道においては、農業そのものが大規模で専業的な農家が多いことから、労働力不足や農業生産との両立が、６次産業化を持続的に展開するうえでの課題になっている。販路開拓においては地元向けと大都市向けでは戦略も異なる。

北海道の６次産業化における課題として、生産的労働と販売・加工労働との競合の問題が存在していることを指摘しておきたい。

こうした問題や課題を解決するうえで重要となってくるのは行政や経済団体、金融機関、教育機関等によるサポート体制ではないかと考えられる。第１章で触れた東京農業大学の「オホーツク・ものづくりビジネス地域創成塾」という人材育成の取り組みのみならず、北海道では2013年度から「フード塾」[5)]を展開しており、北海道内の多くの意欲ある一次産業者や加工・流通業者が新商品開発や新事業展開を学ぶための講座が継続されている。こうした機会を行政がサポートしつつ、受講者はモチベーションを高めながら６次産業化に関する知識や技能を習得し、商品化・事業化に必要な様々な人脈やネットワークの構築に繋がっているものと考えられる。

北海道ではこうした６次産業化を支えるサポート体制が充実しており、６次産業化に積極的に取り組む担い手[6)]も存在する。こうした点が線となり面となって６次産業化の継続的な展開に寄与しているものと思われる。

以下では、６次産業化の継続にあたって重要となる素材品質の高さと人材確保（大地のMEGUMI）、加工・販売における学びの蓄積と安定的な地元の販路確保（澤田農場）、独自の商品コンセプトで首都圏に販路開拓（丸善北日本物流）した事例を紹介する。

付記：本文は菅原優「オホーツク地域の六次産業化の現状と特徴」『フロンティア農業経済研究』第20巻第１号、北海道農業経済学会、2017年２月、pp.3-18から一部抜粋して加筆修正したものである。

注記

1）歴史的にみても北海道開拓において、中央の財閥系大資本による鉄鋼、紙・パルプといった北海道の原材料・資源を活用した重化学工業が形成される一方で、その周辺に加工組立型の機械工業の形成がみられず、零細な食料品、木材・木製品工業の地場産業が形成された。現在においてもその基本的な産業構造は変わっていない。北海道の産業構造の特質については、大沼盛男編著『北海道産業史』北海道大学図書刊行会、2002年を参照のこと。

2）近年の北海道農業の課題や担い手対策については、谷本一志・小林国之・仁平恒夫編著『北海道農業の到達点と担い手の展望』農林統計出版、2020年を参照のこと。

3）日本政策金融公庫「平成23年度　農業の６次産業化に関する調査」2012年１月を参照のこと。調査対象は６次産業化に取り組む農業者（日本政策金融公庫融資先の農業法人・個人事業者）であり、郵送アンケートで297件に対して165件の回答であった（回答率55.6％）。

4）北海道地域農業研究所「『６次産業化』の取り組みについてのアンケート中間報告」2013年３月を参照のこと。調査対象は北海道の個別経営、農業生産法人のうち、加工、販売など事業を実施している事業体810事業体を対象としたアンケートで、223件の回答であった（回答率27.5％）。

5）北海道「フード塾」の取り組みについては、流通問題研究協会編、三浦功『地域絶品づくりのマーケティング―地方創生と北海道フード塾―』中央経済社、2018年を参照のこと。

６）北海道における積極的な６次産業化に取り組む担い手については、吉岡徹・菅原優・脇谷祐子編著『北海道農業のトップランナーたち—先導者たち—』筑波書房、2021年を参照のこと。

２．無農薬カボチャの栽培から販売までを食育で取り組む—株式会社大地のMEGUMI—

菅原　優

（1）有機農産物を生産・販売する営農集団

畑作農業が盛んなオホーツク地域の大空町に有機農産物を生産・販売といった６次産業化に取り組む組織経営体がある。元々、有機栽培の勉強会や試験栽培をする農家のグループとして誕生し、1989年に減農薬減化学肥料栽培による農産物の生産・販売を行う任意組織「大地のMEGUMI」を立ち上げ、農業機械や堆肥製造施設の共同利用をする営農集団として発展し、2009年に構成員農家から有機JAS認証を受けた圃場を賃貸することにより、農業生産法人「株式会社　大地のMEGUMI」を設立した（資本金120万円）。中核となる選果・出荷・貯蔵施設は、構成員農家のD型ハウス（140坪）を借用しているが、中身の選果・貯蔵施設を法人化以降に整備している。全体としては会社としての大きな投資を控えつつ堅実な事業展開を行っている。

2012年には六次産業化法に基づく総合化事業計画の認定を受け、規格外の活用による剥き馬鈴薯と長いも餅の開発事業を実施している。

現在の労働力構成は５人の経営主と従業員２名を中心に、農繁期には経営主の妻や東京農業大学の学生も臨時雇用として雇い入れている。

活動理念として「見える農業」、「触れる農業」、「語り合える農業」を掲げ、運営方針は「①最良の品質と安心、安全、信頼を提供すること、②自ら行動し、自己能力の向上に努めること、③夢と若さを保ち、創造と革新を忘れないこと」としている。

栽培品目はカボチャ（くりりん、味平、えびす、こふき、月見、雪化粧な

写真 5-1　有機栽培で生産されたカボチャ（くりりん、月見）と加工品「大地の輝餅」

ど常に多くの品種を取り扱う）を中心に馬鈴薯（きたあかり）やアスパラを栽培しており、2001年には構成員全員が有機JAS認証を取得している（**写真5-1**）。カボチャを例にすると、土づくりは前年の秋に有機質肥料を80kg／10a、牛糞おがくず堆肥を３t／10a投入し、農地の物理的構造を保全する「省耕起」といった土壌管理法を採用するなど、健全な栽培環境の維持・改善に余念がない。もちろん病害虫防除は完全無農薬、雑草はロータリーカルチと手取り除草で対応している。また、カボチャの選別は、独自のキュアリングと徹底した選別基準を設けることで“腐らないカボチャ”として取引先から品質面での高い評価と信頼を得ている。

こうなると次第に取引先や消費者からの有機農産物や特別栽培農産物のオーダーが増加してくるが、有機農業や特別栽培の技術講習会を実施して周辺農家と連携し、「大地のMEGUMI」が定める栽培基準で生産した特別栽培農産物をも出荷できる体制を構築している。

また、加工品開発については、OEM方式で1994年から地元の食品製造業への委託製造で、地域の郷土食であるいも団子やかぼちゃ団子を「大地の輝餅（いも餅・かぼちゃ餅）」という商品名で販売している。当初は男爵で試作したが、キタアカリの方が好評だったため、キタアカリを採用している。

当時は、一個50gの10個入り500gでパッケージをしていたが、2010年から委託製造先を変え、顧客のニーズに合わせて、一個の形状を一口サイズ（15g）にして20個入り300gへとパッケージをリニューアルしている。鍋やすき焼きにいれても形状が崩れないという特徴があり、食べ方も様々な提案ができ、地元の道の駅を中心に販売している。

（2）食育事業と消費者交流の取り組み

大地のMEGUMIは2007年から地元の女満別・東藻琴両小学校６年生の総合学習支援活動として、食育事業に取り組んでいる。小学生がカボチャの播種（直播栽培）・生育観察・収穫体験を通じて、農業に対する正しい理解と有機農業による食の安全・安心についての関心を高めることを目的として実施している。さらには、小学生が仮想株式会社を作って、自らが生産・収穫したカボチャを「輝農祭（きのうさい）」というイベントで販売し、食育事業の集大成に位置付けている。このイベントでは、大地のMEGUMIが生産した有機農産物の販売はもちろんのこと、地元生産者の農産物販売（軽トラ市）や農畜産加工品の販売・試食のほか、小中学生等の音楽ステージなどもあって、大勢の来場者で賑わいを見せる。毎年、農繁期でもある10月中旬に開催されているが、企画・運営には地元の商工関係者や建設業者など地域の関係者が関わることでイベントが実施されている。「明日の農業を支える子供達への贈り物」というキャッチコピーで実施している「輝農祭」は、住んでいる地域に対する自信と誇りを深める活動となっている。

また、東京農業大学オホーツクキャンパスの卒業生（愛媛県出身）を社員として１名採用し、キッチンカーでのイベント販売にも積極的に取り組んでいる。

以上のように、有機JAS認証圃場で栽培された有機農産物や特別栽培農産物の生産・販売委託加工といった６次産業化を行う大地のMEGUMIでは、安全・安心を求める消費者や実需側からの引き合いの増加に伴って、生産会員を拡大しながら取扱数量を拡大している。その一方で栽培技術や土づくりの講習会や研修会を定期的に開催して生産会員の裾野を広げつつ厳格な栽培基準や出荷基準を設けることによって、一定の品質以上の農産物を販売することにつながっており、消費者や実需側との信頼関係を高めている。

また、会社法人にしてからは、生産から出荷における一貫作業体系を構築することにより、個々の生産技術の高位平準化や出荷・販売のロスを軽減することが可能になっている。販売面については、新たな人材を確保して渉外担当を中心に販路拡大に務め、広い人脈ネットワークを形成しており、食育事業や消費者交流、東京農業大学をはじめとする産学官連携に対しても積極的に取り組んでいる。2023年５月には農林水産省の食育活動表彰で最高賞に次ぐ「消費・生産局長賞」を受賞している。

付記：本文は菅原優「無農薬カボチャの栽培から販売まで」『新・実学ジャーナル』132号、東京農業大学、2016年７月をもとに加筆修正したものである。

３．大規模畑作と和牛の複合経営を基盤にした6次産業化―㈲澤田農場―

菅原　優

（１）大規模畑作と和牛による複合経営から農産加工・販売への取り組み

網走市から知床方面に国道244号線を45分ほど走ると標高1,547mの斜里岳が迫ってくる。その斜里岳の麓に広がる清里町で、畑作農業と和牛生産の複合経営を展開しているのが有限会社澤田農場である。経営規模は畑地78ha（小麦30ha、てん菜20ha、澱粉原料用馬鈴薯20ha、大豆８ha）と牧草地７haを合わせた85haで、清里町の農家の平均規模約40haを大きく上回る大規模経営である。畑作部門では小麦・澱粉原料用馬鈴薯・てん菜といった畑作三品に加え、大豆12ha（品種名；ユキホマレ）の栽培を行い、和牛部門では黒毛和牛の素牛生産（繁殖牛約100頭）を行っている。

経営の中心を担うのは、1998年に東京農業大学オホーツクキャンパスの産業経営学科（現在の自然資源経営学科）を卒業した澤田篤史氏で、未来のオホーツク農業の発展を求めてフランス研修に参加したり、北海道農業士になるなど、地域農業を牽引する若手農業者の一人である。2018年度から有限会社澤田農場の代表取締役を務めている。

農業経営に常時雇用を導入し、2005年に法人化するが、2007年頃から牛肉の小売販売を徐々に開始し、和牛の低価格部位や大豆の規格外品を有効活用した農産加工に取り組んできた。農産加工に取り組むのは主に母であり北見工業大学の人材育成講座やNPO法人創成塾の会員として、加工・販売の知識やノウハウを蓄積してきた。そして地域の様々なイベント等で積極的に販売を行いながら、開発製品の磨きあげを行ってきた。2011年には清里町の助成を受けて農産加工施設を整備し、農林水産省の総合化事業計画の認定を受けて、６次産業化に向けた取り組みを本格的に開始している。

（2）大豆と和牛を中心とした様々な開発商品～背景にあるのは地域の食文化の再建～

澤田農場の商品アイテムは実に多彩である。大豆から作られた「手造り味噌」は道産米の糀を使用し、自然発酵で３年の歳月をかけている。さらにこの「手造り味噌」をもとにして、総菜「おかず味噌」３種（ふきのとう、にんにく、青なんばん）を開発し、さらに自社の経産和牛肉と自家製味噌と金時豆の豆板醤で仕込んだ「和牛肉味噌」を商品化した。自家産の牛肉を用いたビーフカレーや焼き肉弁当などは地元のイベントでも販売している。

また、オホーツクの粗製海水にがりを使用した「てづくり豆腐ゆきむすめ」の製造・販売を開始した。さらには豆腐づくりの過程で生産される副産物「おから」を使用した「おから煎餅」を開発している。原料となる大豆を余すことなく、とことん利用して商品開発に繋げている（**写真5-2**）。

販売方法は、地域イベントでの販売の他、地域の小売店での委託販売を徐々に広げている。地元の道の駅「パパスランドさっつる」やコープさっぽ

写真 5-2　和牛と大豆関連商品（和牛肉味噌とおから煎餅）

ろ美幌店内の「オホーツク・テロワールの店」等でこれらの商品を販売している。地元のリピーター客の確保につながっている。

2018年度には北海道中小企業家同友会オホーツク支部に加入し、会社経営を行う地域の中小企業家との交流を通じて会社経営の在り方を学んでいる。経営目標には「新しい品目である大豆と和牛の食文化を通じた定着」、「良いことをする良い会社づくり」を掲げている。

かつて農山村地域では、農家それぞれが家庭の味を大切にし、小規模な農産加工業者がいて地域の食文化を支えていた。澤田農場の商品アイテムの数々は、元々、地域が持っていた食文化を再建しているようにも見える。

また、一つ一つの商品に農村地域の生活の豊かさが込められている。６次産業化のビジネスモデルとして今後の更なる活躍に期待したい。

付記：本文は菅原優「大規模畑作と和牛生産で６次産業化に挑戦」『新・実学ジャーナル』133号、東京農業大学、2016年９月をもとに加筆修正したものである。

４．大地と海の恵みのマリアージュを目指した商品開発―丸喜北日本物流株式会社―

小川　繁幸

（１）父の意志を受け継いだ女性事業家＋“農家の嫁”としての挑戦

北海道オホーツク地域の特産物といえば、誰もが思い描くのはカニやホタテ、鮭といった海産物であろう。流氷がもたらす海の恵みに支えられているオホーツクにおいて、独自の戦略で６次産業化にチャレンジしているのが、丸喜北日本物流株式会社の雅楽川沙知氏である。

そもそも丸喜日本物流株式会社は、漁業を営んでいた雅楽川氏の父がサロマ湖・オホーツク海の海産物を多くの人に知ってもらいたいという想いで始めた水産物の販売会社である。漁師として、また水産物の販売会社の社長としての父の背中を見ながら成長してきた雅楽川氏にとって、父は誇りであり、父のオホーツクの海産物に対する想いも自ずと雅楽川氏にも継承されていった。

そのような中で、2006年に父親が他界され、父の意志を絶やしたくないとの想いから、雅楽川氏が会社を事業継承する。当時、20代で、もちろん会社経営になど携わったことのない雅楽川氏にとって、事業継承を決断したことは大きなチャレンジであり、不安でいっぱいであったことはいうまでもない。家族の支えもありながら、毎日、会社経営に奮闘してきた雅楽川氏であったが、大きな転機が生じる。それが、北海道オホーツク地域に立地する訓子府町でタマネギを生産する現在のご主人との出会いであった。

2010年に結婚された雅楽川氏は、タマネギ農家の嫁として農業に従事することになるわけだが、父の想いを絶やすわけにはいかなかった。一方ではサロマ湖・オホーツク海の海産物を販売し、他方で農家の嫁としてタマネギを生産していたのだが、それを可能としたのは、ご主人とご主人のご両親の理解である。

農村の閉鎖的な風習が今も根付いているオホーツク地域において、“農家の嫁”が家業だけでなく、農業とはまったく異なる会社を経営するなど異例中の異例であるが、雅楽川氏の想いはご主人やご両親にも届き、海産物販売の会社の社長と農家の嫁という２足のわらじを履きながらの生活が始まったのである。

（2）水産と農業の両方に携わることで生まれたこだわりのグラタン

全国でも“農業女子”といわれる女性の農業参入と事業化・起業化が注目されているが、農業を行いながら、水産物を販売している女性は雅楽川氏だけであろう。そして、この農業と水産業の双方に携わっているという強みを活かして開発したのが、大地と海の恵みのマリアージュをコンセプトとしたグラタンの開発である。

もともとホタテなどの海産物の販売がメインである丸喜北日本物流株式会社であるが、生鮮品の販売においては、流通における壁・リスク（鮮度の保持、送料、天候・道路状況などによる商品ロスのリスクなど）があるため、安定した収益を得るためには加工品の開発が必要であった。そのようななかで、オホーツクの魅力を届けたいという想いから開発したのが、グラタンであった（**写真5-3**）。このグラタンはホタテのコクを活かし、バターをあえて使わないことで、あっさりしているのに味に深みがあるホワイトソースが特徴である。もちろん、使う野菜はご主人と一緒に栽培した自家製タマネギとオホーツク産カボチャである。

かねてからグラタンを開発したいという想いはあったものの、食品製造に携わったことがなく、専門的な知識、技術が乏しかったことからチャレンジしきれなかった。そのようななかで雅楽川氏は東京農業大学の「オホーツクものづくり・ビジネス地域創成塾（生物産業学MBAコース）」の第５期生として入塾し、商品開発、製造、マーケティングの知識の習得と販路拡大にむけてテスト販売などにチャレンジした。

その結果、2014年には三越本店のギフト商材としてグラタンが選定されるなどが、その販路は首都圏にまで拡大している。

写真 5-3　ホタテが入ったグラタンとスイーツのような彩りの「豆と野菜もちのグラタン」

地域の特産品開発においては、女性の目線がとても大切である。今ではグラタンの種類も「牡蠣グラタン」「鮭とじゃがいものグランタン」、そして、スイーツのような彩りの「豆と野菜もちのグラタン」など、ラインナップも豊富である。“農家の嫁”としての強みと水産物の販売者というノウハウを最大限に発揮し、オホーツク地域の６次産業化をリードする女性事業家として更なる飛躍を期待したい。

付記：本文は小川繁幸「大地と海の恵みのマリアージュを目指した商品開発」『新・実学ジャーナル』134号、東京農業大学、2016年12月をもとに加筆修正したものである。

第6章

農業の6次産業化と女性の自立化の可能性

—川瀬牧場の取り組みを通じて—

藤石　智江

1．はじめに

北海道の6次産業化の問題は、家族内労働力が逼迫し6次産業化にまで時間をさくことができない点にあるといわれている[1)]。特に大規模・機械化が進んでいる畑作、稲作、酪農地帯ではその影響が大きく、家族内労働時間が過重となっている実態がみられる[2)]。このことから北海道の農業は、かつて本州で見られたような家族労働を総動員した肉体消耗的労働が新たに再編されていると考えられ[3)]、6次産業化にふり向けられる新たな労働時間を確保するのが難しい地域である。

加えて、北海道の農家は専業農家が多いことから、経営の中心は男性で、女性は副次的な役割を担うことが多く、6次産業化の中心となる女性の発言力が小さいことも北海道の6次産業化の発展を難しくしている一因である[4)]。

そういった中でも、6次産業化が実現できている事例をみると、その実態は農家女性の活躍によるものが大きく、さらにはその活動によって女性自身の地位向上へとつながる。そこで、6次産業化が難しい地域である北海道に着目し、農家女性が起業活動を通して自立化していく過程を見ていく。

以上の事から本章では北海道津別町の専業農家で和牛の肥育を行う川瀬牧場に嫁いだ、川瀬保子さんに焦点をあて、農家女性が今までどのようにして家族経営の中で地位向上をはかり、自己実現を得てきたのかを明らかにしていきたい。

２．中山間地域に位置する北海道津別町の概要

津別町は、北海道オホーツク地方にあり、人口5000人の小さな町である。そのうち農業就業人口は約400人で農家戸数は153戸ある。総土地面積のうち約85％が林野で覆われており、林業が盛んな地域である。「愛林のまち津別町」というスローガンを掲げ、歴史的にも林業と農業で発展した地域である。山に囲まれた中山間地域で、畑作や酪農においては条件不利地域とも言えるため人口の流出は周辺地域よりも進んでいる実態がある。津別町の人口にしめる高齢者率は2019年３月末時点で44.6％で、人口減少率は、10年間で約20％減少している。比較対象として、オホーツク管内全体と比べると、2015年国勢調査の高齢化率は29.0％で、10年間の人口減少率は約４％減であった。津別町は、周辺地域の中でも特に少子高齢化の課題に直面している地域といえる。

津別町の農業は、畑作も畜産も盛んにおこなわれている。畑作は、オホーツク地域の代表的作付け品目である馬鈴薯、麦、甜菜を中心とし、それに加えてカボチャやタマネギといった野菜も作付けされている。**表6-1**の経営体

表6-1　作付け品目別算出額と経営体数

作付け品目	農業産出額	農業経営体数
畑作計	368 千万円	
米	1 千万円	4 経営体
麦類	22 千万円	109 経営体
豆類	31 千万円	81 経営体
いも類	90 千万円	72 経営体
野菜	160 千万円	65 経営体
工芸農作物	62 千万円	84 経営体
畜産計	370 千万円	
肉用牛	246 千万円	23 経営体
乳用牛	114 千万円	25 経営体
その他畜産物	10 千万円	
合計	738 千万円	168 経営体

資料：農林業センサス（2015）より作成。
注：工芸作物の中に甜菜が含まれる。

数をみると畑作経営が主流であるともいえるが、農業産出額を見ると、畜産の方が畑作より多くなっている。中でも和牛の生産は津別町の特徴でもあり、ふるさと納税で採用されるほどである。津別町のブランド和牛は、「つべつ和牛」と「流氷牛」の２つがあり、ここではこの「流氷牛」の生産者である川瀬牧場についての考察を行う。

３．川瀬牧場の経営展開

津別町は少子高齢化、人口減少など、地域の存続に関わる課題に直面している地域であることを述べた。そういった課題を持ちながらも、危機感を持った住民が主体的となって様々な事業を展開している。その中でも川瀬牧場は、和牛のブランド化をはじめ、和牛を中心とした経営を展開してきた。経営主の妻である川瀬保子さんは、自ら生産する和牛を活用した加工品を開発し、それを自身が経営するファームレストランなど提供するといった事業を展開している。その成果が認められ、北海道の2019（平成30）年度女性・高齢者チャレンジ活動表彰[5)]で最優秀賞を受賞した。

以下では、川瀬牧場が今までどのように和牛の生産や六次産業化の事業を展開していったのかを考察してみよう。全体についての流れは**表6-5**にまとめて示した。

（1）川瀬牧場のはじまり

川瀬牧場のはじまりは、明治30年頃に遡る。川瀬牧場の１代目が、福井県大野町から現在の北海道津別町に入植した。１代目は入植後も土地を広げていったが、戦時中になると区画整理によって政府に土地を没収されてしまったため、経営規模は現在よりも小さかった。

２代目は、農業経営に携わることがなく、規模に変化はなかったが、現在の経営主の父である３代目に継承し本格的に農業を営むようになると、土地の規模が大きく拡大する。

３代目の川瀬清氏は農家の経営主であったと同時に、当初は農協との関りも厚かった。そのことから地域の中でも周辺農家からの信頼が厚く、離農した周辺農家の土地を引き継ぐという形で農地を拡大していった。この農地の拡大は現在の川瀬牧場の経営規模の基盤となるが、当時は土地の価格が高かったため、その後の負債の返済が経営を圧迫することにも繋がってしまった。

３代目は土地の拡大とともに、作付け品目も変化させていった。最初はビート、小麦、水田、豆（大正金時、小豆、大豆等を試行錯誤で栽培）、ホワイトアスパラを作付けしていたが、途中から小麦、南瓜またはスイートコーン、メロン、牧草と牛（ホルスタイン）の肥育を含めた営農形態に転換させた。1986年から1993年のGATTウルグアイラウンドのよって、牛肉の輸入自由化への転換が検討され始めると、危機感を感じた３代目清が、友人農家２戸と、新たな経営展開を模索し始めた。そして1988年に３戸と共同で和牛の導入を開始すると2000年頃には小麦、牧草、和牛へと作目を限定しより効率的な経営へと転換する。現在は牧草とデントコーンに絞り作付けし、一部の農地は貸し付けている。

経営移譲については、1990年３代目が60歳の時に、長男の川瀬信一氏と３男の川瀬敦史氏が兄弟で土地を分割相続した。信一氏は56ha、淳史氏は3.5haの土地を相続し、ともに和牛の生産を継承した。今回取り上げる川瀬牧場とは、兄の川瀬信一氏とその家族の経営のことである。

（2）和牛の導入とブランド化

1982年、牛を飼っていた町内の畜産農家が畜産基地建設事業[6)]に採択され、その補助金をもとに牛舎改築し、機械やトラックを購入した。それまでは手作りの牛舎を使用していたとのことから、この事業は川瀬牧場にとって近代化への大きな転換点となる。

1988年、畜産基地建設事業に採択された農家３戸で、鹿児島県の黒毛和牛を導入し、現在の和牛ブランド「流氷牛」の先駆けとなる和牛の生産を開始する。導入当初、畜産技術は鹿児島県の飼養方法を参考にしていたが、気候が大きく異なる北海道で同じように育てることは難しかった。そこで北海道の気候に合う飼料の配合を独自に開発し、脂の質が良い彼らオリジナルの和牛ができあがった。1989年には、共同で和牛の導入をした３戸で「流氷ファームグループ」を結成し、独自の飼育方法で育てた和牛を「流氷牛」と名付け、名称を商標登録し、これが後の和牛ブランドへ発展していく。

土地の購入と、牛舎の近代化にともなった借金が返済されたのは2010年頃、子育ての終了と負債返済の見通しが立ったのが同時期ぐらいであったという。経営の管理をしていた夫の川瀬信一氏は金銭面で余裕ができ、妻である川瀬保子氏は、子育てがひと段落したことによって時間的な余裕ができる。その頃から、夫婦共に新たな事業へ取り組む精神的な余裕が生まれ、６次産業化への展開が始まることとなる。その内容については後に詳細に取り上げたい。

（3）家族構成と役割分担

表6-2に示すように川瀬牧場は、現在経営主である川瀬伸一氏とその妻である川瀬保子氏の２人で経営しており、経営主の父母とは20年前から別居している。川瀬夫婦には４人の子どもがいたが今は全員町外で別に生計を立てている。

流氷牛の生産については、町内の農家５戸と「流氷ファームグループ」という組織を作り、月に一回ブランドづくりのために出荷頭数を組織で協議し管理しているが、作業はそれぞれが独立して行っている。

川瀬牧場では、基本的な作業はすべて２人でまかなっている。それぞれの

表 6-2　川瀬牧場の担当別作業内容

担当	仕事内容
夫	牛舎の管理、圃場管理、繁殖管理（生まれる前）
妻	圃場管理の補助、繁殖管理（生まれた後）、カフェの運営、出張の食堂、イベントの準備

資料：ヒアリング調査より作成（2020 年 1 月調査）。

作業内容については、以下の**表6-2**でまとめている。牛舎の管理や、牧草の生産に関わることは夫が担当し、妻は、その補助を担当している。カフェやイベントの運営に関しては妻が中心となっており、最近までは次女も２人のサポートをしていた。次女が家業を手伝うようになってから、イベントや営業等で人と関わることが増え、彼女の人脈の広さから加工品の受注も増えていったという。

（4）肉用牛経営の展開

１）川瀬牧場の経営規模

川瀬牧場の経営規模について、**表6-3**に示した。川瀬牧場では55haの耕地を所有しているが、実際に牧場内の飼料として利用しているのは15haの牧草地のみである。デントコーンを2.5ha作付けしているが、川瀬牧場の直営作業は、植え付けから管理作業までで、収穫作業は委託している。収穫後のデントコーンは、町内の酪農家へそのまま販売するため、牧場内で飼料として使用することはない。他の35haは貸付農地なので、現在川瀬族場内での管理はしていない。

肥育牛の飼養頭数は2019年度で、全体で211頭、うち和牛が168頭、和牛の育成牛が22頭、F1種が21頭であり、年間の出荷頭数は、85頭であった。和牛とF1種の比率はおおよそ９：１の割合で生産している。

飼料となる牧草は、すべて自己生産であるが、肥育後期の粗飼料の稲わらと、敷料の麦稈とバークは、購入している。

表 6-3　調査対象農家の基本概況［1］

所有面積（ha）			経営耕地利用内訳（ha）	飼養頭数（頭）				出荷頭数
	経営耕地	貸付地			和牛	和牛（育成）	F1 種	
55	20	35	牧草（15） デントコーン（2.5） その他（2.5）	211	168	22	21	85

資料：ヒアリング調査より作成（2020 年 1 月調査）。
注：数値は 2019 年度の実績値。

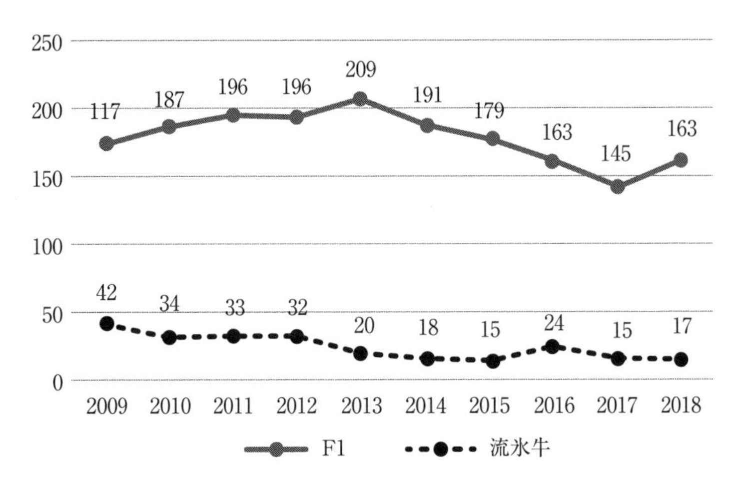

図6-1　川瀬牧場の和牛等生産頭数の推移

過去10年間の出荷頭数を**図6-1**からみると、流氷牛は2011年から漸減しており、F1は2013年がピークでその後漸減している。保子さんは、その理由を労働力の減少と、子供たちへの養育費がかからなくなってきたためと話す。2011年に、四女が高校を卒業したのが2010年で、大学を卒業し全員が経済的自立をしたのが、2015年になる。借入金の返済が終わったのが2010年頃であったので、この時期から出荷頭数を減らすようになったのも理解ができる。現在は子どもたちが全員自立したため、経営規模は縮減傾向にある。

２）川瀬牧場の収入

川瀬牧場の収入をまとめた**表6-4**をみると、2018年は農業収入の9,793万円に加えて、貸付による地代収入が660万円であった。つまり農業収入は、１億454万円となる。一方、６次産業化における収入は、353万円であり、そのうち10万円ほどがグリーン・ツーリズムによる収入である。収入でみると、農業収入が６次産業化の収入を大きく上回る。

生産した流氷牛は流氷ファームグループでの出荷となっているがF1種と一部の和牛はホクレンの系統出荷であり、生体のまま船を使い東京食肉市場

表 6-4　調査対象農家の基本概況［2］

農業収入（千円）	農業外収入（千円）			所得（千円）
		貸付地代収入	６次産業化	
97,939	10,142	6,608	3,534	8,077

資料：ヒアリング調査（2020 年１月調査）より作成。
注：１）数値は 2018 年度の実績値。
　　２）６次産業化のうち 10 万円ほどがグリーン・ツーリズムによる収入である。
　　３）所得は、農業収入＋農業外収入から農業経営費を差し引いたものである。

株式会社まで輸送している。出荷は毎月２～３回あり、一回につき１～４頭が目安であるが、需要が多く取引価格の高い年末になると出荷頭数が増える。

川瀬牧場では、貸付地で地代収入も得ている。川瀬牧場の所有地は津別町内に点在しており、自作地の時は離れた場所だと自宅からその農地まで車で20～40分くらいかかってしまっていた。しかし、現在遠距離の農地は貸付地にしており、使用しているのは、川瀬牧場周辺の農地に集約化している。

４．６次産業化への挑戦

表6-5、６に川瀬牧場における６次産業への挑戦の変遷を記載した。６次産業化の取り組みが本格的に開始するのは、子育てがひと段落する2010年以降のことであるが、その前からもともと商家（雑穀販売・飲食業）から嫁いできた保子さんの胸中には、「なにか農業以外の仕事をしたい」という希望があった。1998年にアロマ・コーディネーターの資格を取得するが、畜産農家との関連が薄いため日々の仕事と両立するには難しく、事業化するには至らなかった。同時期に食品衛生管理者の資格を取得しパン作りを始め、食品加工に興味を持つようになったが当時実際に販売をまでには至らなかった。

子育てがひと段落すると、夫婦ともに精神的な余裕ができ何か新しいことにチャレンジしたいという希望が目覚め始めた。2009年に津別町で後述するグリーン・ツーリズム研究会が発足し、川瀬牧場もそれに参加することと

表6-5　川瀬牧場の変遷［1］_畜産農家として

年	出来事
1890年代	1代目が福井県大野町より入植
1982年	畜産基地建設事業に採択され、補助金をもとに近代化
1986年3月	妻（保子）が川瀬牧場に嫁ぐ
1987年	研修生の受け入れを開始
1988年	3代目の清が和牛を飼い始める
1989年	流氷ファームグループを結成
1990年	4代目信一に経営移譲をする
1995年7月	第三回東京食肉市場出荷協同組合共励会　最優秀賞
1995年11月	第三回東京食肉市場出荷協同組合牛枝肉研究会　最優秀賞
2000年	妻が食品衛生管理者の資格を取得
2006年	「流氷牛」の銘柄を取得
2010年頃	設備投資と土地購入の借金を返済する
2017年	次女がUターンで戻ってくる
2019年4月	令和元年度全国肉用牛枝肉共励会　優秀賞
2021年	合同会社川瀬牧場の設立
2021年9月	次女が結婚し、川瀬牧場から離れる

資料：ヒアリング調査より作成（2021年10月調査）。

なった。以前より畜産関係の研究生を受け入れていた経験もあり、グリーン・ツーリズムの受け入れはスムーズに始められたが、開始当初から受け入れ規模が大きくなることはなく、「なにか農業以外の仕事をしたい」という希望を充分満たしていないと感じていた。

６次産業化への挑戦として大きな転機となったのは、2012年に東京農業大学オホーツクキャンパス内にある「オホーツクものづくり・ビジネス地域創成塾」[7)]（以下、創成塾）を受講し、商品開発について学ぶこととなったことからである。

創成塾の成果は、第１章の**表1-1**に示したとおりで、川瀬牧場の商品化や新事業成果もこれに含まれている。

保子さんが受講したきっかけは、夫が「和牛を使った加工品を作りたい」と発言したことからであり、最初は夫婦そろって受講しようと希望していたが、最終的には妻のみが参加することとなった。

創成塾３期生の時、和牛を使った加工品を開発すると、その年の2012年には牛肉ウインナーとフランクの製造を北海道大空町にある大空フーズに委託するまでに至った。翌年の2013年には、100万円をかけて小さな小屋を建設し、直売所の「GYUGYU-TTO TERRACE」をオープンする。その後も創成塾での受講は継続し、創成塾５期生まで延長し、結果として合計３年間大学へ通った。これらの学びから、自分で加工品を販売すれば付加価値がつき、商品を高く売ることができることを知ると、カフェで加工品を使ったメニューを提供しようという発想に至る。そして、2015年11月に自宅の１階部分を約1,000万円かけて改装し、「GYUGYU-TTO TERRACEカフェ」をオープンした。これでようやく保子さんの「なにか農業以外の仕事がしたい」という長年の希望が叶った。加工品の製造を始めた初年度は、年間で２頭分を加工していたが、すべて売ることができず賞味期限切れによる廃棄が多く出てしまっていた。しかし、イベントの参加を重ねると、口コミやメディア等で取り上げてもらうことでだんだんと知名度を上げていき、現在は３頭分を加工しても廃棄分がほとんど出ないくらいの売り上げに成長した。さらに近年では、精肉が不足気味になるまでになっている。

事業を継続していると、子どもたちにも変化が現れた。2017年、次女が就職活動の合間に帰ってくると、家の仕事を手伝うようになり、労働力にゆとりができた。人手が増えたことで、カフェの運営もゆとりができると、新たな事業として東京農業大学の学食でのランチ営業を開始した。現在、次女は町外に引っ越し、手伝うことはなくなったが、川瀬牧場が新しい事業を始める大きな転換点となったことは間違いない。

（1）グリーン・ツーリズム研究会への参画

川瀬牧場では、加工品の製造だけでなく、ファームステイの受入も行っている。津別町には、2009年からグリーン・ツーリズム研究会というファームステイの受入を仲介する組織があり、川瀬牧場はそこに加入している。川瀬牧場の取り組みを取り上げる前に、まずはその組織の来歴を簡単に説明しておきたい。

発足のきっかけとなったのは、2005年ごろに津別町内の農家が旅館業として農家民宿を開業したことである。2009年に、その農家が中心となって、研修生などの教育目的の宿泊者を受け入れることを目的とした、グリーン・ツーリズム研究会が発足した。事務局は、津別町役場の農政課が担っている。発足後も活動を広げるものの、2018年11月の時点で研究会への加入者は約20経営体であり、現在はその数は減少傾向にある。研究会の代表は津別町内の畑作農家の経営主が務めている。参加者は、３経営体が宿泊業者で、その他が酪農と畑作農家で構成されている。

川瀬牧場も発足時から現在までグリーン・ツーリズム研究会に参加しているが、ファームステイの受け入れを開始したのは、この研究会の発足以前からであった。始めたのは保子さんが結婚した次の年である1987年からであり、船橋市との姉妹都市交流事業として、１年ごとに交換留学生のような形で実習生を受け入れていた。

現在は、一部屋の空き室を提供し、施設は簡易宿所として登録している。グリーン・ツーリズム研究会で紹介される高校生や短大生の受入と、川瀬牧場に直接依頼の来る実習生の受入を継続している。体験してもらう内容は牛舎での作業が中心で、作業内容は朝夕の給餌、床替え、牛舎内の清掃などである。

（2）次女のUターンで新たな事業に挑戦

2017年に東京で会社員として働いていた次女が転職するため津別町へ一時的に帰省すると、川瀬牧場の状況が大きく変わることとなる。当時、次女には次の職に就くまでの期間限定というつもりで農作業を手伝ってもらっていた。期間限定といっても牛舎の仕事は毎日こなし、カフェやイベントでの仕事では、彼女の今までの経験が活かされ、牧場全体を通して助かっていたという。次女が帰ってきたことから、引き受ける仕事も増えていった。その一つに学食の運営がある。労働力に余裕ができカフェの運営にもゆとりができていたころ、東京農業大学オホーツクキャンパスから、食堂の使っていない調理場を利用して大学生に学食の提供をしないかとの誘いを受けた保子さん

表6-6　川瀬牧場の変遷［2］_6次産業化への挑戦

年	出来事
1998年	保子さんがアロマコーディネーターの資格を取得 食品衛生管理者の資格を取得
2009年2月	川瀬牧場が旅館業法簡易宿所の許可を取得
2009年	GT研究会設立、同時に受け入れを開始
2010年頃	設備投資と土地購入の借金を返済する
2012年4月	妻が創成塾3期生として入塾、加工品の開発を始める
2012年	牛肉ウインナーとフランクの製造を大空フーズに委託する
2013年9月	直売所GYUGYU-TTO TERRACEをオープン
2014年4月	妻が創成塾5期生として入塾
2015年	加工品の製造元を吉川産業（株）に変更
2015年11月	GYUGYU-TTO TERRACEカフェオープン
2016年	北海道女性農業者倶楽部（マンマのネットワーク）に参加
2017年	次女がUターンで戻ってくる
2018年4月	東京農業大学オホーツクキャンパスの学食でカフェのメニューを提供
2019年	女性・高齢者チャレンジ活動表彰で最優秀賞受賞
2021年9月	経済産業省の中小企業持続化補助金に採択される

資料：ヒアリング調査より作成（2021年10月調査）。

写真6-1　加工品直売所

写真6-2　左から、ウインナー、フランクフルト、ローストビーフ

は、次女の助けを借りながら、引き受けることを決断した。その後、週に1回、次女と保子さんの2人で学生に向けてカフェのメニューを提供することとなった。次女の活躍は保子さんの事業展開の背中を押すこととなったが、2021年9月に彼女は結婚し川瀬牧場を離れることとなったため、現在は夫婦2人で経営している。

（3）現在の六次産業化への取り組み

次に現在行っている六次産業化の実態をみると、加工品の委託製造先は、遠軽町にある吉川産業（株）で、商品はウインナー、フランク、ジャーキー、コーンドビーフ、ローストビーフである。ウインナーとフランクは、精肉として売りにくい部位を加工品にしており、加工による付加価値化を実現している。委託製造の方法は、加工業者に成形料と加工料を払い商品を買い戻すという形をとっている。それらの委託料に関しては**表6-8**に一覧で示している。成形料はどの加工品にも１kgあたり一律で200円がかかり、加工料は品目で異なる。これに送料を含めたものを委託料として支払っている。

表6-7、**表6-8**に加工品の販売価格と販路先の割合を示している。買い戻した加工品の主な販路は、フランク、ローストビーフはGYUGYU-TTO TERRACEカフェで使われ、ウインナー、フランク、ビーフジャーキーは津別町のふるさと納税の返礼品として使われている。加工品全種類はもちろん精肉もパック詰めをしており、電話や直売所で直接購入が可能である。

表6-7　加工品の委託料

成形料（円／kg）	加工料（円／kg）	
200	ローストビーフ	850
	ビーフジャーキー	2,600
	ウインナー、フランク	1,000

資料：ヒアリング調査（2020年２月）より作成。

表6-8　加工品の価格と販路先

商品名	価格（直売）	販路の割合 （ふるさと納税：個人販売など）
ウインナー	130g / 600円	5：5
フランク	130g / 600円	6：4
ジャーキー	30g / 600円	2：8
コーンビーフ	50g / 600円	3：7
ローストビーフ	100g / 600円	8：2

資料：ヒアリング調査（2020年２月）より作成。

カフェは、週１日土曜のみの営業であるが、地域の人に限らず町外からも老若男女が利用するカフェとなっており、そこでは、加工品をメニューに加えて提供している。現在取り扱っているメニューは、ホットドック、ローストビーフ、ヤキニクドック、ウインナーパン、菓子パンである。

写真6-3　左から、ヤキニクドック、ローストビーフドック、ホットドック

カフェを始める前は、流氷牛は専ら東京市場に出荷・消費されており、地元の人が食べられる機会がなかった。このことから保子さんは、地元の人にも津別町の“牛飼い”を身近に感じてもらうため、我が家の牛肉を食べてもらいたい、という思いが芽生え、自宅を改装しカフェを開業する。使うものは、自分の家で育てた和牛とホルスタインの交雑種で、市場よりも低価格での提供を実現している。使用しているのは経産牛であるが、出産を１回しかしていない若い牛を使っているため、味が濃くも肉質も柔らかい。品質は出荷する和牛と遜色ないという。カフェの開業は、結果的に地産地消にも寄与することとなった。

（4）Withコロナ時代に向けた取り組みと今後の展望

2020年に新型コロナウイルスが日本に蔓延すると、GYUGYU-TTO TERRACEカフェの経営にも変化が求められた。コロナ禍になったばかりのころは、休業や営業再開を繰り返していたが、現在はテイクアウトを増やし緊急事態宣言下でも営業を継続している。この転換が功を奏し、カフェの利用客数が以前よりも増えたという。このことを受けて、今後テイクアウト中心のカフェへ業態転換することを決意し、2021年９月に経済産業省の中小企業持続化補助金の採択を受けた。現在はその準備期間中であるが、予定では2022年４月までに補助事業を終えることとなっている。

今後の計画としては、カフェの運営は、週１回から、週３回に営業日を増やし、直売所の運営は、インターネットでの通信販売も加える予定である。１人アルバイトの雇用を増やし、コロナに負けず、６次産業化をさらに拡大していくことを語っていた。

５．おわりに

大規模専業農家地帯である北海道津別町に嫁いだ、川瀬保子さんが今までどのようにして家族経営の中で地位向上をはかり、自己実現してきたのかを検討する。

(1) 学ぶ機会とネットワーク形成の重要性

農村女性が主体的となった事業を行うためには、農業の知識を得るといった機会が重要となる。農業女性の多くは地域外から嫁いできた人が多く、結婚後は家事育児に時間を取られ、家業である農業は補助的な作業に従事することが多い[8)]。農家に嫁ぐだけで、農業の知識が深まるとは限らない。

そこで、家業以外にも農業についての知識を得られる機会が必要となってくる。保子さんは、JA女性部などの集まりや、創成塾での人とのつながりがきっかけで、加工品の開発に踏み込むことができたと話す。創成塾のような学ぶ機会や、女性部のような女性同士のネットワーク形成が農村女性たちのエンパワーメントを高め、新しい事業への大きな後押しになると考えられる[9)]。

また、学びの機会を作ることは、知識を得る以外にもメリットがある。北海道の農家は、集落としての機能が気薄なことや、散居制の家屋が多く、農村女性に孤独感が募る可能性が大きい。しかし、創成塾に通うことで、農業以外の様々な業種の人と出会い連帯感が生まれることで孤独ではなくなり、生きがいにつながる。また、新たな人間関係が作られることで視野が広がり新しい事業の構想も芽生えるきっかけとなる。将来の展望として、学生と一緒に学食を提供したいということを述べていたことを振り返ると、今までの人間関係とは違う、学生との交流ができたことによって、新しい発想が生まれたと考えられる。

これらの意味でも、創成塾の受講は、保子さんにとって大きな転換点となったといえる。

（2）農村女性の活躍には子育てが大きな転換点となる

女性の活躍にとって、子育てにかける時間が減るというタイミングは大きな転換点となる。**図6-2**は、東京農業大学の創成塾受講者を年代と性別で分けて示したグラフである。これを見ると、男性は20歳代から60歳代にかけて受講生の数は横ばいを示しているのに対し、女性は50歳代にかけて増加傾向を示している。これは、50歳代の母の子どもたちが自立するタイミングであり、時間にゆとりを持った女性たちが新しい挑戦として創成塾に受講しているともみてとれる。

保子さんの事例を見ても、農村女性の活躍を考えるとき、「子育て」が大きなキーワードとなることが分かる。子育てがひと段落した高齢女性であれば、彼女たちの意欲を後押しするサポートが必要であり、子育て世代の女性

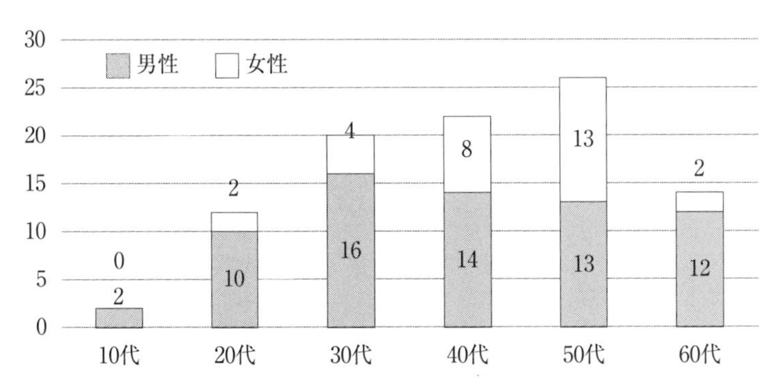

資料：東京農業大学オホーツク実学センターの内部資料（2019年4月）より作成
注：第1～3期生の入塾時点の年齢、職種で作成。

図6-2　受講生の年齢別男女比

であれば、まずは子育てへのサポートが必要になることが考えられる。

(3) “自分の財布” を持つことでの心の変化

農村女性は家事や育児、家庭菜園など、アンペイドワークを担うことが多い。ところが、起業などで「自分の財布」を持つことによって、自己の労働に対する正当な評価をえられることとなる。このことは、農村女性の主体性の形成に重要な役割をもつと言える[10)]。

川瀬牧場でも同様の変化がみられていた。直売所の運営までは、経済的な管理はすべて夫が担当していたため、保子さんが何か欲しいものがあるときは夫の許可が必要となっていた。しかし、カフェを始めると、個人の口座を持つこととなり、買いたいものもその中でやりくりして許可を得ずに買うことができるようになった。結果として、カフェで必要なものの経費の支出は事後報告でも良くなったことから、気持ちとして開放されたという。

カフェの350万円という収入は農業収入と比べると一見少額に感じるが、保子さんの自己実現を得ることに繋がると考えると、小さな収入でも大きな意味を持つこととなった。専従者給与としても350万円近く得ていても、与えられるお金と、自らが主体的に働いて得たお金とでは、農村女性にとって価値の大きさが異なるといえる。川瀬牧場の六次産業化は、女性が “完全自立” するという事例ではないが、女性が財布を持つことで、地位向上と生きがい実現論につながることが分かる事例である。

これまでの農村女性の研究として、兼業農家による女性の自立的活動に着目することが多かった。しかし、今回の事例は北海道の専業農家の中で、収益を目的とした起業化を行うことで、６次産業化による経営内の分業が女性の自立化を促す事例としてとらえることができる。このことがすぐに一般化できるとは言い切れないが、農業経営内での６次産業化や起業を通じた農村女性の自立化を促すきっかけになる新たな事例と考えられる。

注記

1）菅原（2017）は、６次産業化に取り組む事業者に対して行ったアンケート２種類を取り上げ、全国規模で行ったものと北海道内を対象としたものを比較し、北海道にみられる特徴として次のように述べている。「北海道の６次産業化の課題として、農業そのものが大規模で専業的な農家が多いことから、労働力不足や農業生産との両立が、六次産業化を持続的に展開するうえでの課題になっている。すなわち、北海道の六次産業化における課題として、生産的労働と販売・加工労働との競合の問題が存在している。」詳細については、菅原優「オホーツク地域の６次産業化の現状と特徴」『フロンティア農業経済研究』20巻１号、2017年２月、pp.3-18を参照のこと。他に北海道における６次産業化を論じたものとして今野・工藤（2015）があり、菅原と同様の見解を次のように論じている。北海道農業の大部分を占める個人経営による６次産業化の特徴として、「総売り上げに占める６次産業化の割合はほぼ半数が１～３割程度と低く、６次産業化しても売上高の中心はあくまでも農業（既存）部門である。よって農業部門をしっかりと維持したうえで６次産業化に取り組む必要があり、労働力が不足しがちである。」詳細は、今野聖士・工藤康彦「北海道における６次産業化実施主体の特徴」『北海道農経論集』70集、2015年11月、pp.43-52を参照のこと。両者の研究から分かるように北海道で６次産業化に取り組むうえで、労働力不足は大きな課題となっている。

2）原口・黒瀧（2020）は、オホーツク地域の農家の労働実態調査をおこなった。これによると、オホーツク地域では人口減少とそれに伴う農作業面積の拡大によって、家族内労働力が逼迫していることと、農家構成員の余暇時間が確保しにくいことを明らかにした。詳細は原口智江・黒瀧秀久「宿泊型グリーンツーリズムの導入可能性に関する農家労働力分析ー北海道オホーツク地域を中心としてー」『オホーツク産業経営論集』28巻１・２号、2020年３月、pp.13-27、を参照されたい。

3）黒瀧によると、かつての戦前における日本の農業構造について次のように述べている。「村落の基礎単位を構成する家族農業様式が形づくっている零細農耕様式は、家族労働力を労働力の編成単位とし、家族労働を完全に燃焼させるような労働集約的で肉体消耗的な農作業が前提とされ」ていた。しかし、近年の本州の農業は兼業農家が多く、一家で農作業に従事しなければならない構造ではなくなったことから多くの兼業農家は“土日百姓”を中心とした、最小労働投入量（いわば“手抜き農法”）農業に転換していることは周知である。他方北海道では、大規模化と機械化の潮流の中で、農作業が煩雑化・過重化し、家族内労働力が逼迫化している実態がみられる。このことから、北海道農業は本来的な「零細農耕」ではない大規模経営体であるにも拘わらず、労働の現象形態はかつての“家族労働完全燃焼”的労働様式としての思考が残存していると考えられ、かつての肉体消耗的な農作業体系が北海道で新たに再編されて、継続していると考えられる。この点は注意を要する。これについては藤井光男・丸山惠也『現代日本経営史―日本的経営と企業社会』ミネルヴァ書房、1991年所収の、黒瀧秀久「農業の変貌と日本的経営」を参照のこと。

４）小内は、北海道の農村女性について以下のように分析している。「男性も基幹的農業従事者として自家農業に従事する専業農家が多い北海道の場合、女性が地域運営や農業経営に参画するために超えるべきハードルが高く、結果として本州に比べ社会参画が進まない状況」が見られる。札幌女性問題研究所『北海道社会とジェンダー　労働・教育・福祉・DV・セクハラの現実を問う』のうち、「第２章　北海道農村のジェンダー環境と女性農業者のとりくみ」の記述を参考にした。

５）女性・高齢者チャレンジ活動表彰とは、北海道が主催している表彰であり、農業経営の改善や起業化、農村生活の充実、地域の振興などのために積極的に活動している北海道内の女性農業者や高齢者のグループ又は個人等を表彰し、その活動成果を広く紹介するためのものである。この事業のはじまりは、1998年から開始した「農村の暮らしと地域を活かす女性・高齢者グループ表彰」であり、2008年に「女性・高齢者チャレンジ活動表彰」と名称を変更し、現在も続いている。

６）畜産基地建設事業について、北海道農務部農政課は「畜産基地建設事業は、未利用、低利用の土地が存在する地域において、近代的な畜産物の濃密生、産団地を建設し、大型畜産経営群の創設を図ることにより、農畜産物の安定的供給と農業経営の合理化に資することを目的として進めているものである。」と説明している。計画は1978年から始まっており、1984年に全事業が終了する。北海道農務部農政課「畜産基地建設事業について」〈https://hlgs.jp/archive/ralm_14-01.pdf〉

７）「オホーツクものづくり・ビジネス地域創成塾」について、保子さんの転機となった創成塾について、触れておきたい。創成塾とは、東京農業大学オホーツクキャンパスが実施機関となっている人材育成プログラムである。最終的な目的は、地域資源を利用した高付加価値型の新商品開発や起業化・事業化を促進し、同業種連携・異業種連携の強化、新産業創出、雇用の拡大につなげることである。プログラムは、地場産品を利用した食品開発に関する知識・技術力・創造力を身に着けための内容で構成されており、その特徴は、商品開発のみならず、ビジネスやマーケティング能力も養成する点にある。なお、この点に関しては、菅原優・末松広行・小川繁幸・黒瀧秀久「農業・食品製造業における事業の多角化と産学連携・人材育成の意義―北海道オホーツク地域を事例として―」『オホーツク産業経営論集』東京農業大学産業経営学会、

2020年３月、pp.29-41を参照のこと。
8）渡辺めぐみ『生きがいの戦略　農業労働とジェンダー』有信堂、2009年を参照のこと。
9）秋津元耀・藤井和佐・澁谷美紀・大石和男・柏尾珠紀『農村ジェンダー―女性と地域への新しいまなざし』昭和堂、2007年を参照のこと。
10）靍理恵子『農家女性の社会学』コモンズ、2007年を参照のこと。

第7章

農業の6次産業化としてのワイナリー経営への挑戦
―北海道のワイナリーを事例として―

石川　尚美

1．はじめに

近年、自らぶどうを栽培しワインを醸造するワイナリーを開業する動きが、全国で活発化している。生産されたぶどうで（1次産業）、ワインを醸造し（2次産業）、商品を販売する（3次産業）ワイナリーの展開は、まさに農業の6次産業化の特質を持つと言える。

しかし、筆者の2018年に実施した北海道のワイナリー調査によれば、特に北海道に初めてワイン特区[1]（余市町）が導入された2012年以降に創業したワイナリー 19件中15件は生産量が10kℓ以下の小規模ワイナリーで、19件中11件のワイナリー創業の動機が「生きがい」や「ライフスタイル」等の「自身の夢の実現」であって、商業ベースによる規模拡大を志向していないことが明らかとなった[2]。また、2000年以前に創業したワイナリーの中には、後継者がいないことにより経営が譲渡されたワイナリーもあった[3]。

北海道に代表される新興産地の展望として、今後産地の担い手となり得る層が形成されていくのか不確実であったが、その後の調査により、北海道は「生きがい」や「ライフスタイル」を目指した経営と経営自立・拡大を志向する経営の2極化が進んでいることが明らかになり、特に後者では「六次産業化・地産地消法に基づく事業計画」の認定[4]を受け、継続可能な事業計画での経営体の形成が進んできていることがわかってきた。

そこで、本稿では、第1に日本のワイン産業を概観した上で、第2に北海道のワイン産業の展開過程の実態を述べていく。第３に聞き取り調査等から明らかになったワイナリーの存立構造、及び６次産業化の事例を分析する。

２．日本のワイン産業の特質

わが国のワイン産業は、海外の原料を使って日本で製造するという手法で、「国内製造ワイン（国産ワイン）」として販売をし規模を拡大してきた[5)]。しかし、2001年に起こったBSE対策事業の国産牛肉買取事業を悪用した牛肉偽装事件以来、国民の食に安全に対する意識が高まり、地産地消と共に食品加工原料も「国内産」志向が強くなった。それにより、国産ぶどうを原料としたワインに注目が集まり始める。

近年の小規模ワイナリーを開業する動きが活発化した最初のきっかけは、2000年に酒造免許取得の規制緩和がなされ、最低製造数量が一律に６kℓになったことにある。次に2008年、構造改革特区制度によりワイン特区が認められ、最低製造数量が更に２kℓに引き下げられた。更に2009年の農地法改正で、農外企業でも農業生産法人の法人格を取得すると、借地による農業経営が可能になった。これらにより2009年に155件だったワイナリーが、2019年には331件と大幅に増加した。

この流れを受け、国税庁も2015年に「酒税法第86条の６（酒類の表示基準）」に基づき、「果実酒等の製法品質表示基準（国税庁告示）」を制定するに至った。背景には、国内における酒類消費が横ばいの中、ワインは近年消費が拡大している成長産業であること、特に国産ぶどう100％を原料とする「日本ワイン」の中には海外で高い評価を受ける高品質なワインが出てきていることから、日本ワインとその他のワイン（国内製造であるが、原料は外国産）を明確に区別し、日本ワインには産地・品種・年号等の表示ができるようにする、というものである。

日本におけるワインの伝統産地[6)]としては、山梨県に加えて長野県の歴史が古く、２大ワイン産地として知られている。一方、北海道では、2000年以降、新たなワイン産地としてワイナリーやワイン用ぶどう農園の開業が相次いでおり、日本ワインの生産量においても第３の産地として認知されるようになった。2018年には、地域ブランドを保護する「地理的表示（GI）」[7]において、北海道は山梨県に続いて、日本で２地域目のワイン産地として指定された。さらに、農外資本（DACグループ[8]、キャメル珈琲グループ[9]）の参入や、フランスのドメーヌ・ド・モンティーユ[10]がワインの生産準備を進めるなど、現在、北海道はわが国で最も注目を集めるワイン産地となっている。

３．北海道ワイン産業の展開過程

（１）戦後から現代に至る北海道のワイン産業の展開

北海道におけるワイン生産は、開拓初期の1893年に官設のブドウ園を開設したことに始まるが、40年ほどの間に廃業に追い込まれ産業としては定着しなかった。60年ほど前からは本格的に地元のぶどうを使ったワイン製造がなされている。その契機となったのは1963（昭和38）年に製造・販売を開始した十勝振興局の池田町にある池田町ブドウ・ブドウ酒研究所（十勝ワイン）であった。

1970年代に入り道立中央農業試験場や1972年に設立された富良野市ぶどう果樹研究所、北海道ワイン（株）が苗木を輸入し徐々にワインの生産が拡大していった。続いて1973年に駒ヶ岳酒造（現はこだてわいん）、翌1974年に日本清酒・余市ワイナリー（余市ワイン）と民間のワイナリーも相次いで誕生する。その後1988（昭和63）年に山梨県の中央葡萄酒が主にハスカップを原料とした果実酒製造を行うために千歳工場を立ち上げたが、新たにワイナリーを起業する動きは止まる。

その後ワイナリー事業を始める動きが活発化するのは、前述したように2000（平成12）年、酒造免許の最低製造数量が６kℓに緩和されたのを受けてからである。2000年の月浦ワイナリーを皮切りに、それからほぼ毎年新規でワイナリーが開業している。2002年には、初めての農家個人が立ち上げたワイナリーである山崎ワイナリーが設立され、その後の農家の６次産業化の選択肢の一つとして、ワイナリー事業への参入が注目されるようになった。

2010年に果樹の産地として有名な余市町で、ドメーヌタカヒコ[11]が初めて個人で畑を取得し、ワイナリーを開業した。ワイナリー開業に夢や憧れを抱いていた者にとって、新規参入就農によるワイナリーが現実性を持ってより身近に感じられたのも、ワイナリーが増加した理由の１つであると言われている。

さらに弾みがつくのは、2012（平成24）年以降で、毎年２～４件のワイナリーが開業している。背景として、小泉政権時代の2003年に、地域経済成長を促進させる事を目的に、「構造改革特区制度」が施行され、その多種多様な特区制度の中で、2008年に特区内の果樹生産農家がワインを作りやすくするように酒造法を一部緩和した「ワイン特区」が認められたことが挙げられる。最大の利点は、「ワイン特区」が認定されれば最低製造数量が６kℓから２kℓに緩和される。通常のワイン瓶750mℓ換算で8,000本製造しなくてはならなかったものが、約2,666本の製造で許可されることになった。これにより、2011年11月余市町が北海道で初めて、「ワイン特区」を取得した[12]。

2012年以降、余市町をはじめとして、後志地方で15件ものワイナリーが開業している。2019年末でワインの酒造免許を受けているワイナリーは41件となった（**図7-1**）。この急激にワイナリーが増えていく現象は1994（平成６）年の酒税法改正で、ビールの最低製造数量が2,000kℓから60kℓに引き下げられ、地ビール製造業者が一気に増えた時期を彷彿とさせる。

ただし現在、ワイン用のぶどう栽培は行なっているが、醸造設備はまだ持っていないため、近隣のワイナリーへ醸造を委託し、ワイン製造を行なっているぶどう園（ヴィンヤード）が20件以上存在している。これらの原料ぶどう生産者達がやがて醸造技術を身につけ、設備を備え自社醸造を開始すれば、近い将来ワイナリーは50件以上に増えると考えられる。

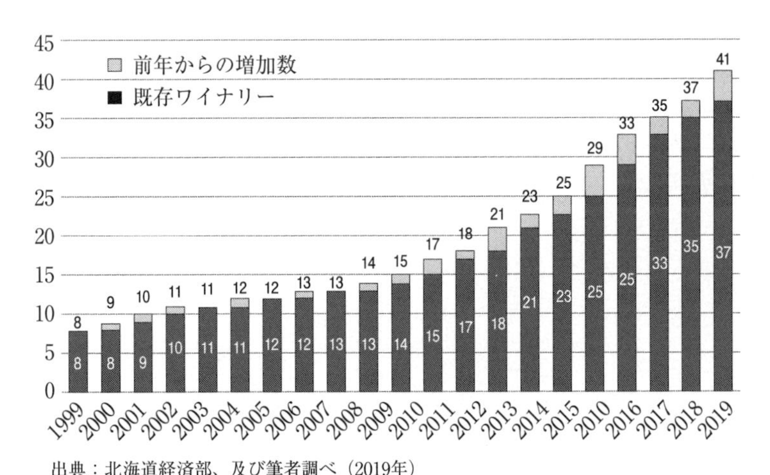

出典：北海道経済部、及び筆者調べ（2019年）

図7-1　北海道におけるワイナリー数の推移

（2）北海道のワイン振興策

北海道では、2000年以前は行政からの具体的なワイン産業への振興策は存在せず、1984年に道産ワイン懇談会が行政とは関係なくワイン醸造会社５社で設立され、自らの技術情報、醸造設備についての研究と情報交換を行っていた。2000年以降、中小のワイナリーが設立され、日本ワインブームと共にようやく行政がワイン振興策を打ち出すようになった。ただし当初は所管の農政部、支庁（現在の振興局）が個別に対応し一貫したワイン産業への振興策は存在しなかったが、2010年になって北海道開発局（国土交通省）の呼びかけにより「北海道ワインツーリズム」推進協議会が結成され、北海道産ワインの普及、地域振興、ツーリズムにおけるマナーやホスピタリティ等の啓蒙活動が行われた。４年間の活動の後、推進協議会は解散したが現在も民間団体（NPO法人ワインクラスター北海道）として一部の活動は続いている。

北海道庁では、北海道地域振興条例を制定し2010年４月から施行している。その中の一つとして空知総合振興局は、食や体験の魅力発見や空知のファンづくりのプロジェクトを行い「空知のワイナリーに対する評価と認知度の向上」が一定の効果を上げたため、2013年度から経済部が「ワイン・フーズをテーマとするツアー人気を踏まえた地域の魅力発信、食と観光の連携強化の推進」を、農政部が「銘醸ワイン品種の導入実証、ワイナリーと農業者による栽培検討会の開催など、ワインぶどうの生産振興の推進」が行われた。

引き続き北海道庁は農政部が2017年から10年間の予定で「北海道果樹農業振興計画」を発表し、この計画の中に醸造用ぶどう栽培を組み入れ、また「醸造用ぶどう導入の手引き」を2018年から毎年発行し、新規就農者への情報提供を行っている。また、経済部は2017年から毎年、北海道ワインアカデミーを開講し、道内のブドウ農家やワイン醸造家の技術力と販売力を高める取り組みを進めている。

近年では新規参入就農が増えてきた空知（三笠、岩見沢）地区、ぶどう栽培の歴史が長い後志（余市、仁木町）地区などぶどう栽培者やワイン醸造者が集積してきた地域においてワイナリー観光など地域ブランドを推進することも各振興局が主体となって行われている。その動きとあわせて消費拡大への取り組みとして、東京、大阪等の大都市圏においても販売プロモーションを経済部主体で積極的に行なっている。

４．ワイナリー立地と存立構造

北海道におけるワイナリーの経営実態を明らかにするため、2018年７月から10月にかけて、聞き取り調査[13]を行った。対象は、北海道で2018年12月末時点でワインの酒造免許を取得している37カ所のワイナリーのうち、国産原料を使用している36カ所とした。さらに、2019年に新たに４件が酒造免許を取得したため、追加調査を行った（**表7-1**）。

（1）ワイナリー立地

表7-1からも確認できるように、ワイナリーの立地は後志地方の余市町に集中している。理由としては、古くから余市町は果樹の産地であったこと[14]、

表7-1　北海道における地域別ワイナリー一覧

No.	振興局	市町村	会社名／ワイナリー名
1	後志	小樽市	北海道ワイン（株）／北海道ワイン
2	後志	小樽市	OSA WINERY（オサワイナリー）
3	後志	余市町	日本清酒（株）／与一ワイナリー
4	後志	余市町	Domaine Takahiko（ドメーヌ　タカヒコ）
5	後志	余市町	（株）OcciGabi Winery／OcciGabi Winery（オチガビワイナリー）
6	後志	余市町	リタファーム&ワイナリー
7	後志	余市町	登醸造
8	後志	余市町	Domaine Atsushi Suzuki（ドメーヌ　アツシスズキ）
9	後志	余市町	（株）平川ワイナリー／平川ワイナリー
10	後志	余市町	Domaine Mont（ドメーヌ　モン）
11	後志	余市町	ワイナリー　YUMENOMORI
12	後志	余市町	（株）キャメルファーム／キャメルファーム
13	後志	余市町	モンガク谷ワイナリー
14	後志	仁木町	ベリーベリーファーム&仁木ワイナリー
15	後志	仁木町	（株）NIKI Hills ヴィレッジ／NIKI Hills（仁木ヒルズ）
16	後志	仁木町	ヴィニャ・デ・オロ・ボデガ
17	後志	蘭越町	松原農園
18	後志	ニセコ町	要諦グリーンビジネス（株）／ニセコワイナリー
19	空知	岩見沢市	（株）宝水ワイナリー／宝水ワイナリー
20	空知	岩見沢市	（合）10R／10R ワイナリー
21	空知	岩見沢市	栗澤ワインズ農事組合法人／栗澤ワインズ　近藤ヴィンヤード
22	空知	三笠市	（有）山﨑ワイナリー／山崎ワイナリー
23	空知	三笠市	遊農倶楽部ワインパーティー（株）／タキザワワイナリー
24	空知	長沼町	北海道自由ワイン（株）／マオイ自由の丘ワイナリー
25	石狩	札幌市	（有）フィールドテクノロジー研究室／ばんけい峠のワイナリー
26	石狩	札幌市	（株）八剣山さっぽろ地ワイン研究所／八剣山ワイナリー
27	石狩	札幌市	さっぽろ藤野ワイナリー
28	石狩	千歳市	北海道中央葡萄酒（株）／千歳ワイナリー
29	胆振	洞爺湖町	（有）月浦ワイナリー／月浦ワイナリー
30	渡島	七飯町	（株）はこだてわいん／はこだてわいん
31	渡島	函館市	（株）農楽／農楽蔵
32	檜山	奥尻町	（株）奥尻ワイナリー／奥尻ワイナリー
33	檜山	乙部町	札幌酒精工業（株）／富岡ワイナリー
34	上川	富良野市	富良野市ぶどう果樹研究所／ふらのワイン
35	上川	上富良野町	有限会社多田農園／多田ワイナリー
36	上川	中富良野町	（株）ドメーヌレゾン／ドメーヌレゾンワイナリー
37	上川	名寄市	（株）森臥／森臥ワイナリー
38	十勝	池田町	池田町ブドウ・ブドウ酒研究所／十勝ワイン
39	十勝	帯広市	あいざわ農園合同会社／相澤ワイナリー
40	オホーツク	北見市	（株）未来ファーム／インフィールドワイナリー

資料：筆者の実態調査（2019年）より作成。

また大手ワインメーカーへ原料ぶどうを出荷している契約栽培農家も存在していたことが挙げられる。加えて、2011年に余市町、2014年にニセコ町、2017年に仁木町が「ワイン特区」を取得したことも、大きく影響をしている。続いて集積の見られる空知地方には、委託醸造を受けることをメインに立ち上げたワイナリーがあり、インキュベーター的な役割を果たしていることが大きい（インキュベーターに関しては後述する）。

2019年に新しく設立されたワイナリーは上川地方２件、十勝地方１件、オホーツク１件であった。後志地方や空知地方だけではなく、道東地区へ産地が広がっている。また４件中３件は地元の農家出自であった。さらに、農家経営のワイナリーは、ワインに特化するのではなく、多角的展開の１つとしてのワイナリー進出も現れ始めている。

（2）ワイナリーの存立構造

１）創業年別経営規模分布

調査の結果から、ワイナリーを創業時期、生産規模で類型化を行った（**表7-2**）。

2012年（構造改革特区制度）以降に創業したワイナリーをグループ１（23件、全体の57.5％）、2000年（酒造免許取得の規制緩和）から2012年までに創業したワイナリーをグループ２（10件、全体の25％）、1999年以前に創業

表7-2　北海道のワイナリーの経営規模分布

創業年＼生産量	～10 kℓ 区分 A	10 kℓ～50 kℓ 区分 B	50 kℓ～100 kℓ 区分 C	100 kℓ 区分 D	計
2012 年以降創業 グループ１	18	5	0	0	23 件 （57.5%）
2000 年以降創業 グループ２	5	5	0	0	10 件 （25.0%）
1999 年以前創業 グループ３	0	2	0	5	7 件 （17.5%）
計	23 （57.5%）	12 （30.0%）	0 （0.0%）	5	40 件 （12.5%）

資料：筆者の実態調査（2019 年）より作成。

しているワイナリーをグループ３（７件、全体の17.5%）とした。また、国税庁の生産規模区分に準じ、生産規模は０～10kℓまでを区分A、10～50kℓを区分B、50～100kℓを区分C、100kℓ以上を区分Dとした。

40件のワイナリーのうち35件（全体の87.5%）は生産量50kℓ以下、うち23件（同57.5%）が10kℓ以下であった。生産量が50kℓ～10kℓの区分Cは存在せず、50kℓ以下と100kℓ以上に二極化していることがわかる。

1988年に北海道では７件目のワイナリーが設立されてから、しばらく新規ワイナリーの設立は途切れていたが、2000年の酒造免許取得の規制緩和により、年に１～２件と増え始め、2012年の構造改革特区制度（ワイン特区）からは年に２件～４件の増加を見せている。規制緩和の歴史が北海道のワイン産地形成に寄与していることがわかる。

２）起業動機、経営方針

グループ１（2012年以降創業）のワイナリーの23件中17件（74%）は非農家出身者による農業への新規参入者で、起業動機は、「夢や生きがい」や「ライフスタイル」といった「生きがい型」[15)]が52%を占めていることが明らかとなった（**図7-2**）。

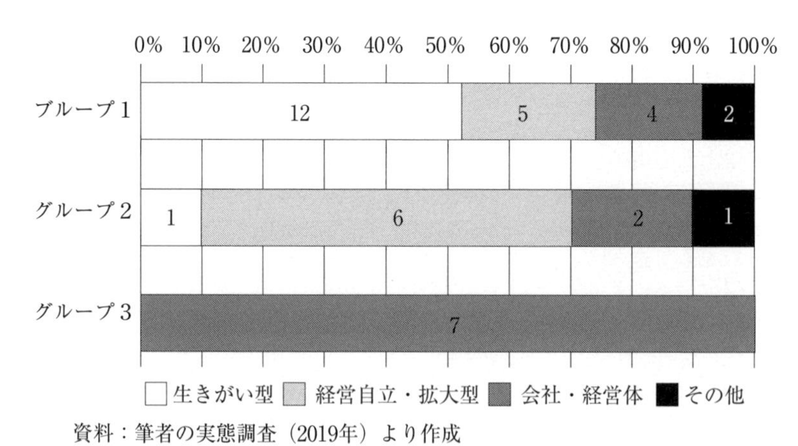

資料：筆者の実態調査（2019年）より作成

図7-2　グループ別で見たワイナリーの起業動機

生きがい型のほとんどは規模拡大を目指しておらず、大規模化による利益拡大よりも、小規模経営による少量かつ高品質のワイン作りの方が、彼らにとってより高い価値を持つものとして位置付けられている。これはワイン作りの主たる目的が最大利益の追求ではなく、自らの夢や生きがいの実現にあることに由来する。彼らのその高品質で希少性が高いワイン生産といった価値観が、ワインのオリジナリティを生み、それが市場に受け入れられている。

3）インキュベーターとしてのワイナリー

これまでは後志地方小樽市にある北海道ワイン（株）や公的機関が、新規ワイナリーのインキュベーター機能を担っているとされていたが[16)]、今回の調査で、新たなインキュベーターが新規参入のワイナリー起業に大きな役割を果たしていることが確認された。

空知地方岩見沢市の10Rワイナリーは、委託醸造を引き受けることをメインに立ち上げたワイナリーで、2019年末の調査で、10件以上のぶどう栽培農家からぶどうを受け、醸造を行っている。ワイナリーの設立希望者はまずぶどう作りからはじめ、そのぶどうを10Rワイナリーへ持ち込み、醸造を委託する。委託された10Rワイナリーでは、どのようなワインにしたいか話し合いを重ねながら一緒に醸造を行う。また、10Rワイナリーのぶどう畑の作業を一緒に手伝うことにより、ぶどう栽培のノウハウも学ぶ。このような委託醸造を２～３年繰り返し、その間にヴィンヤード（ぶどう園）は醸造態勢を整え、ワイナリー起業へと向かう。委託醸造とはいえ、実態は技術習得を目的とした共同作業による製造過程となっている。

長谷ら（2012）はこのような作業受委託事業を、合理性を持った生産ネットワーク[17)]という面から論じているが、小規模ワイナリー間では、知り合いのワイナリーへ単発的に依頼するといったような、もっと緩やかなヒューマンネットワークで繋がっていた。

また、後志地方余市町で、初めて個人で畑を取得し、余市地区のワイナリー増加に大きな影響を与えたドメーヌ・タカヒコや、同じく余市町にあるオチガビワイナリーは、新規ワイナリー設立希望者を、研修生や社員として受け入れ、ぶどうの栽培方法やワインの醸造方法を指導し、時にはぶどう畑購入時のアドバイスも行うなど、ワイナリーの創業を支援している。また、オチガビワイナリーは、ぶどう栽培、醸造からマーケティングまでを指導する「よいちワイナリー塾」というワイン学校を運営し、余市町・仁木町でのワイナリー集積の一翼を担っている。

このようなプロセスを経て創業を果たしたワイナリーが、北海道では40件中13件誕生している。

５．農業の６次産業化としてのワイナリー経営

農業の６次産業化という概念は、「農畜産物の生産という１次産業にとどまるのではなく、２次産業（加工や食品製造）、３次産業（販売・流通・情報サービス・グリーンツーリズム）にまで踏み込む事で農村に新たな付加価値＝所得を創り出し、新たな就業機会を作り出す活動を進めよう」[18] という今村奈良臣氏の提唱した概念に依拠している。

工藤・今野（2014）[19] や清水（2018）[20] が指摘しているように、農業再生の手段として６次産業化が位置付けられていたことから、６次産業化の担い手は農家である事が前提となっている。所得の増加のために、自身の生産物の加工・販売などを通して付加価値をつけていく過程が６次産業化である。本章で取り上げている事例もほとんどが農家であり、彼らは農業振興を通じた先進的な取り組みを行っている。ここでは農業の６次産業化としてのワイナリー経営に着目し、経営展開を見ていく。

はじめに、全ワイナリーの出自（**図7-3**）を見てみると、農家出身者によるものは全体の1/4に留まっている。農業への新規参入によるワイナリー経営が、全体の半分を占めるという特徴がある。

農林水産省は、2011（平成23）年より、「六次産業化・地産地消法に基づく事業計画」の認定（以下、六次産業化認定）を行なっており、認定されれ

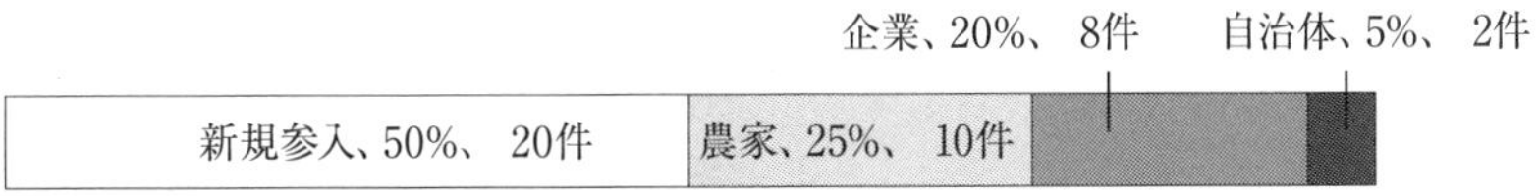

資料：筆者の実態調査（2019年）より作成
注：１件は農地を持たないワイナリーのため、６次産業化とは言えず数値から除いている。

図7-3　北海道内のワイナリー経営の出自別構成

表7-3　六次産業化認定を受けたワイナリー経営の概括表（2020年２月末）

	エリア	出自	創業時期	生産量(kℓ)	雇用者数(人)	起業動機	畑の規模(ha)	ぶどう品種数	GI取得	輸出
1	道央	企業	ワイン特区・後	8	3	グループ内新規事業	11	12	○	検討
2	道央	企業	ワイン特区・後	15	7	グループ内新規事業	8	12	○	○
3	道北	企業	ワイン特区・後	90	不明	グループ内新規事業	40	12	×	×
4	道央	企業	ワイン特区・前	1,600	130	北海道振興	110	30	○	○
5	道央	新規	ワイン特区・後	6	1	業界振興	1.5	10	×	×
6	道央	新規	ワイン特区・後	45	7	自立・拡大	6	14	×	検討
7	道央	新規	ワイン特区・後	3	0	地域活性	5	9	×	×
8	道央	新規	ワイン特区・後	8	3	自立・拡大	7	10	○	×
9	道東	企業	ワイン特区・後	4	0	６次産業化	2.5	7	×	×

資料：農林水産省、及び筆者の実態調査（2019年）より作成

ば、公的支援を受けて６次産業化に取り組む事業者であると認められる。認定には事業計画書の作成が必要となり、市場調査や販売計画、資金計画、施設の設備計画などを明記することになる。事業者によってはHACCPの認証や働き方改革に沿った労働環境の整備などに取り組まなければならず、これらの認定を受けた事業者は６次産業化に本格的に取り組んでいるといえる。

北海道内のワイナリーを見てみると、六次産業化認定を受けている事業者は９件であり、その出自を筆者の調査と照らし合わせてみると、４件が企業による事業展開、４件が新規立ち上げ、１件が農家による６次産業化であった（**表7-3**）。

つまり、農家出自による６次産業化以外にも、企業や新規参入就農者によるワイナリー経営も６次産業化として認められていることが分かり、さらに言えば、ワイナリーでは後者の方が認定業者の大部分を占めていた。

このことから、ワイナリー経営において、６次産業化の担い手は必ずしも

農家出身である必要はなく、生産・加工（醸造）・販売を担っていれば、それは６次産業化として、農林水産省は認めている。

ここで、農林水産省が、「六次産業化認定」を行う以前より、農業の６次産業化の取り組みを行っていたAワイナリーの事例と、元非農家で新規参入就農し（現在は認定農業者）、「六次産業化認定」を受け経営をしているBワイナリーの事例を取り上げる。

最初に、農家が６次産業化としてワイナリーを創業した事例として、Aワイナリーの経営展開を紹介したい。

（1）農業の6次産業化としての先駆的取り組み―Aワイナリーの事例分析―

1）ワイナリー設立の経緯

Aワイナリーは、2002年に空知地方で設立された家族農業経営のワイナリーである。ワイナリーを始めたのは先代にあたる父（登記上の経営者であるが、実際の経営は長男と次男に任されている）で、父は農家の３代目として稲作と畑作の複合経営を営んでいた。農業視察で訪れたニュージーランドでワインの魅力に惹かれるが、ワイン造りまでは考えなかった。農家としては、ニュージランド農業を参考に大規模化を志向していた。ところが、収穫物は増えても所得はさほど増えない、農協に出荷するだけでは消費者の顔を見ることもない。冷害や不作、価格暴落にも悩まされ経営は安定しなかった。これからの農業は地域農業・農村を基盤に付加価値のある農作物を作らないと、自立どころか農家として成り立っていかないと考えた。

そこで、手始めにファームインを開始し、多くの人たちと交流を始める。訪れた人の中に他県でのワイナリー経営者がいて、ぶどう栽培を勧められる。たまたま、農地の一部をワインメーカーのぶどう栽培用に貸していたこともあり、45歳の1998年、金融機関から１億円以上の借り入れをし、ワイナリー創業を目指した。まずは、農業の傍ら小麦などを栽培していた農地の一部にぶどうの木を植え、少しずつ広げていった。一農家個人に酒造免許を下ろすのに難色を示していた税務署であったが、４年後の2002年、免許を取得し醸造所も完成、最初の仕込みを始める。当初はぶどう栽培とワイン醸造に関し、ワインコンサルタントに指導を仰いだ。

2003年にワインを売り出したが全く売れず、赤字はコメや小麦の収入で補った。2008年にアメリカのワイン評論家に高く評価されたことから、売れ行きが急に伸びる。2011年にはワインに特化するため、コメや小麦を中止してぶどう栽培に転換した。

２）ワイナリーの現状

2020年現在、ぶどうの作付け面積は11ha、栽培品種は10品種（全て醸造用ぶどう）、ワインのアイテム数は17で、年間約４万本のワイン製造を行なっている。ワインの原料ぶどうは全て自社農園のもののみを使っている。2010年に法人化、社員１名を雇用するが、両親と長男、長女、次男の家族５人による家族経営である。長男が2004年に大学の醸造学科を卒業し主にワイン醸造を担当、次男がぶどう栽培と営業にあたっている。

販路は９割を個人客に直接販売している（７割がワイナリー併設のショップ、２割はインターネットとFAX）。残りの１割が業務店（酒販店やレストラン・ホテル）へ直接卸している。仲卸業者は通していない。Aワイナリーのワインは品質も高く、大変美味しいと人気で、毎年新しいワインがリリースされる前に、前年度分は売り切っており、常に品薄状態にある。

３）今後の方針

GI「北海道」は一部の商品で取得済みだが、「北海道」は範囲が広すぎるため、振興局名であったり、市町村名であったり、より細かな単位が望ましいと考えている。輸出に関しては、まだ考えていない。

今後は敷地内に１ha弱のぶどう畑を増やす予定で、それと合わせて２割程度の増産が見込めるため、業務店、主にホテル等への販売を強化する。また、同時に地域の農村作りにも力を注ぎたいとして「ワイナリーの集客力を核として、自然・食・宿泊を通し、農村生活を楽しみ交流を深め、新しい農村文化を形成していきたい」と考えている。

また、農家出自のワイナリーであるため、６次産業化を検討している他農家からの視察や助言を求められることも多く、近年における農家のワイナリー事業参入への動きに影響を与えている。

以上、Aワイナリーを通して今までの６次産業化の理解に沿った事例を見てきた。今まで農協を通じて価格が決まっていた農産物に、ワイナリー経営を行うことで、農家個人が新たな付加価値を生み出すことに成功した。さらに、地域農業や農村の価値を高めた活動としても評価できる。

次に、非農家がワイナリー経営をするために農業に新規参入就農したBワイナリーの事例を紹介する。

（2）新規参入就農者の6次産業化への取り組み―Bワイナリーの事例分析―

1）ワイナリー設立の経緯

Bワイナリーは、2016年後志地方で設立された家族農業経営のワイナリーである。ワイン特区制度を使い酒造免許を取得、ワイナリー設立と同時に「六次産業化・地産地消法に基づく事業計画」の認定も受ける。経営主は元銀行員で、仕事の都合でイギリスに滞在していた時にワイン文化に触れ、いつか自分も作りたいと考えていた。学生の頃からスキーで何度も訪れていたB町へたまたま初夏に訪れ、その素晴らしさに魅了され移住を決める。雑種地を購入し、畑を開墾、2008年からはぶどう栽培にも着手する。それまでは横浜の自宅とB町を行き来していたが、2010年58歳の時に早期退職し、同年にB町へ移住をする。ぶどう畑は全てJAS有機の認証を受け、無化学農薬・化学肥料で栽培し、醸造所も有機農産物加工酒の認証を受けている。

ぶどう栽培、ワイン醸造の技術は、農業改良普及員による栽培技術講習会、国立酒類総合研究所主催のワイン技術講習会、北海道庁主催のワインアカデミーへの参加を通じて学んだ。それ以外にも海外のマニュアルや文献を参考にし、オーガニックのワイナリーの訪問視察を行った。

酒造免許が下りるまでは、前述した空知地方にある10Rワイナリーで委託醸造を行った。このワイナリーは委託醸造を引き受けることと、その生産者に独立を促すことをメインに立ち上げたワイナリーのため、ここでの委託醸造は事実上、実地研修となった。

醸造所建設に際しては、無利子で長期に借りられる制度金融に加えて、町や国などの各種補助金を活用した。

２）ワイナリーの現状

現在、ぶどうの作付け面積は4.5ha、栽培品種は９品種（全て醸造用ぶどう）、製造しているワインの銘柄は１種類スパークリングワインのみ、伝統的な瓶内二次発酵製法にこだわり、オーガニックスパークリングワインに特化している。

夫婦のみの経営で雇用はしていない。地元の高校生を研修生として受け入れており、これが労働力の一助となっている。また、労働力ピーク時はボランティアに頼っている。

ワインの生産量が２kℓと少ないため、販路に苦慮していない。また、輸出はもとより、町外で販売することも、通信販売も考えていない。町へ来てもらい、そこで消費することで、経済が活性化すると考えている。

３）今後の方針

B町は外国人旅行者も多く、町名がブランドとなっているので、GI「北海道」を取得する必要性は感じていない。

生産本数は年々増えてきているものの、年間約1,000本程度と、目標の3,000本を大きく下回っている。そのため今のところ、大幅な赤字経営となっているが、ワイナリー以外の収入があるため、経営には影響していない。生産本数が目標に満たないのは、有機栽培のため、化学合成殺虫剤や殺菌剤が使用できず、耐病性が大きく劣り、ぶどうの収量が上がらない事が原因である。栽培方法の見直しが求められている。

経営主は、「年間積雪量が16mに達するB町でも醸造用ぶどうの栽培をしワインができる、ということを周りの農家に示していきたい。そして有機ぶどうからワインを作るという、より付加価値の高いものを生産、加工、販売することで農家収入を上げることができ、若者の就農、就業の機会を増やすことができる。農家と観光客が繋がり、経済効果や経済循環が生まれる。ワイン造りを通じて、地域経済の発展に結びつけることが「夢の実現」である。」と考えている。

ワイナリーにおける「生きがい型」は、趣味的領域を出ていない経営者と、Bワイナリーのような「六次産業化・地産地消法に基づく事業計画」の認定を受ける等、継続可能な事業計画をもって経営にあたっている経営者に、大きく２分される。その中で、今後の産地化を担いうる可能性があるのは、Bワイナリーのような６次産業化に邁進している階層であると言える。彼らは、新たな価値観に基づく経営方針や、リアリティある資金計画、量より質を重視することによる希少性の確保といった複数の要因によって、小規模ながら持続的なワイナリー経営を行っているということが、明らかになった。

６．まとめ

北海道の小規模ワイナリーの６次産業化の特徴は、従来の６次産業化の担い手とされていた「農家」と同様に「企業」や「新規参入者」もその重要な担い手と位置づけられている。そして、前述したように、この６次産業化型の小規模ワイナリーの設立は今後も増加傾向にあると推定される。

今後の課題としては、これら小規模ワイナリーが安定的で持続可能な生産体制が維持できるか、ということである。ワイナリーの増加とともに競争が激しくなり、いずれ販路の確保も課題となる。そうなった時に問われるのは、ワインの品質である。ワインは、その質の８割は原料ぶどうの質で決まると言われる素材産業である。北海道では、ワイン用ぶどうは山梨県や長野県に比べ約1/4程度の反収しかない。新興産地として歴史的に培われた経験による蓄積が少ない分、より多くのぶどう生産者からの知見による知識蓄積、農業試験場等からの技術指導が必要である。

ワイン醸造に関しても同様で、特に新規参入ワイナリーは、インキュベーター的ワイナリーに、醸造や栽培技術他、多岐に渡り依存する場面が多い。醸造過程でのちょっとした疑問に答えたり、市場や消費者のニーズに合ったワイン造りであったり、様々な場面で気軽に指導や助言を得られるような体制が必要である。新規参入への行政の支援は手厚いが、増え続ける既存ワイナリーへの的確な支援を行うことで、持続可能な産地形成の促進につながると考える。

後継者問題を見てみると、どの業界も後継者不足と言われているが、ワイナリーも例外ではない。個人経営のワイナリーで、将来的な事業承継が必要になってくるところがいくつか存在する。Aワイナリーは世代交代が進んだ成功事例と言えるが、Bワイナリーのようなところは、事業承継の問題として、今後の課題となってくる可能性がある。これはワイナリーの再編、農地の集積にもつながる問題なので、血縁に拘らずやる気のある経営者への事業承継も必要であると考える。

最後に、ワインは風土の特徴がその味に現れると言われる。日本全国でワイナリーが急増する中、地域の個性を見出し、消費者にある程度共通した北海道産ワインのイメージを持ってもらうことも大切である。その上で、より細かい地域単位での食との食べ合わせや、他の観光資源とあわせたツーリズム等、地域資源や産業と有機的に組み合わせた紹介等、事業継続のための新しい視点が重要である。

付記：本文は石川尚美「わが国におけるワイン産業の史的展開とワイン産地形成の課題―北海道のワイナリーを事例として―」『オホーツク産業経営論集』第29巻第２号、2021年３月、pp.19-50から一部抜粋して加筆修正したものである。

注記

1）特区内の地方公共団体の長により、地域の特産物として指定した果実で、当該特区内で生産されたものを原料として果実酒を製造しようとする場合には、製造免許の要件のうち、最低製造数量基準の製造見込数量が６kℓから２kℓに緩和される。
2）石川尚美「新興ワイン産地における小規模ワイナリーの存立構造に関する実証的研究—北海道を事例として—」『地域活性学会』vol.13、2020年、pp.31-40を参照のこと。
3）１件は北海道に本社を置く焼酎メーカーに、もう１件は同じく北海道に本社を置く観光、飲食、不動産業などを手掛ける企業に譲渡された。
4）「六次産業化・地産地消法に基づく事業計画」の認定とは、農林水産省が2011（平成23）年よりおこなっている認定制度で、それを認定されると事業者は交付金を受けることや、展示会への出店や電話相談など事業のサポートを受けることができる。令和３年度９月現在で全国の認定業者2600件のうち北海道の事業者は163件であった。北海道は一番認定件数の多い都道府県である。
5）国内最大のワイン生産地（神奈川県）は製造工場が立地しているだけで、原料ぶどうの産地ではない。
6）本稿では、便宜的に100年以上のワイン製造の歴史を有する山梨県、長野県などを「伝統産地」、戦後に産地形成が始まるなど歴史の浅い地域を「新興産地」と呼称する。
7）地理的表示（GI：Geographical Indication）とは、ある商品の品質や特性がその原産地に由来する場合に、その商品の名称として地域の地名が用いられ、知的財産権の１つとして保護されるものである。「地理的表示（GI）」には、厳しい要件が子細に決められており、物理的要件のみに留まらず、官能評価にも合格しなくてはならない。換言すれば、政府が北海道のワインの品質を保証し、北海道ブランドを保護することを約諾するものである。
8）（株）DACホールディングスは（株）デイリースポーツ案内広告社を始めとする９社の広告会社と、３社の農業法人、１社の一般社団法人で構成されているグループ企業である。
9）（株）キャメル珈琲はカルディコーヒーファーム事業を中心として、卸売事業、飲食店事業を展開する、国内６社、海外３社からなるグループ企業である。
10）フランス・ブルゴーニュ地方で100年を超える歴史を持つ老舗ワイナリーである。
11）長野県にある「小布施ワイナリー」の次男、曽我貴彦氏により2010年に設立されたワイナリーである。余市町で4.5haの農地を購入し、ピノ・ノワールを栽培し、ワインを醸造している。
12）その後、ワイン・果実酒で特区を取得した自治体は、深川市、ニセコ町、仁木町、名寄市、北見市と続いている。

13）調査の内容は、創業年、起業動機、経営形態、ぶどう栽培面積と品種、ワイン生産量、販路、現状の課題と今後の経営計画等である。さらに、委託醸造を引き受けているワイナリー等から聞き取りを行い、現在ぶどう生産を行っており、将来醸造所を開設する予定のぶどう栽培農家数等を確認した。

14）寺田稔「北海道余市町における果樹栽培の現状と地域特性」『開発論集』第86号、2010年、pp.77-86を参照のこと。

15）異業種から、ワインを造りたい、農業がしたい、収穫物を出荷するだけでなく加工まですることで消費者とも関わりたいという夢や、北海道という気候特性を生かし、夏はワイナリー、冬は雪山でスキー指導等を行なっている、という生産者もいた。本稿で言う「生きがい型」のタイプは、以下のようなワイナリー経営者の発言に典型的に見ることができる。

「パウダースノーとワインの２つの条件を満たせる所が、北海道以外にはなかなかないんですよ。四季折々の景観、夜明けの美しさ、夕焼けの空の色まで、全てが感動的です。その時間のほぼ全てをぶどう畑で過ごし、美しい自然と向き合えることこそが何より幸せです。いつになったら利益が出るのやら（笑）。でもですね、これは僕の第二の人生の夢なんです。サラリーマン時代の自分には考えられなかったことですね。」

https://www.onestory-media.jp/post/?id=1203より引用。

この文章の意味するところは、「生きがい型」で新規参入就農するワイナリーに共通している、経済的豊さよりも精神的な豊かさを大切にするという認識を示すものと思われる。

16）寺谷亮司「北海道におけるワイン産業の新動向ー余市産地と空知産地を中心にー」『愛媛大学法文学部編集人文学科編』vol.39、2015年、pp.69-114を参照のこと。

17）長谷祐、他「わが国ワイン産業のネットワーク構造と作業受委託事業」『日本ブドウ・ワイン学会誌』第23巻１号、2012年、pp.13-24を参照のこと。

18）今村奈良臣「農業の第６次産業化のすすめ」『公庫月報』農林漁業金融公庫、1997年10月を参照のこと。

19）工藤康彦、今野聖士「６次産業化における小規模取り組みの実態と政策の課題」『北海道大学農經論叢』69集、2014年、pp.63-76を参照のこと。

20）清水大輔「６次産業化による持続可能な農業の条件分析—高付加価値化・分業・有機等—」『創造都市研究e』13巻１号、2018年、pp.45-65を参照のこと。

第8章

「農」の領域における“食”の重要性と6次産業化

―オホーツク機能性大麦推進協議会を事例として―

小川　繁幸

1.「農」の領域における“食”の重要性

現在、「農」を巡る環境は大きく変化しており、「農」の領域も多様化している。これまでの「農」の領域は、生産性重視の社会的な基調から、農林水産物の生産活動のみに特化してきたが、海外農産物との競合などから農林水産業が疲弊するなかで、生産物の生産のみでは農林水産業を維持していくことが困難となりつつある。そのため、どちらかといえば、“生産”が中心であった「農」の領域は、現在では農林水産物の付加価値化という視点から、フードシステム、サプライチェーンに着目が集まり、農林水産物の最終利用・消費過程である「食」領域との連接が色濃くなっている。その結果、「農」の領域は「食農」という領域に拡充され、これまでの“生産”中心のアプローチから“生産－加工－流通・ビジネス”という、いわゆる農林水産業の“6次産業化”や農商工連携からのアプローチが重要となっている。また、農学の学問領域もこの潮流に対応すべく、変化が求められている。

これまで農業・食料に関する学問領域は、一般的には農学といった総合的な学問体系のなかに位置付けられている。なかでも農作物の栽培・育種や畜産の品種改良、生産技術の向上を担う生物生産学や人間生活に必要な生物資源を開発するための技術の向上を担う生物資源学、応用生物学としての生物工学を中心とした自然科学の領域と農業経済学などといった社会科学の領域に大別されている。これら農学の研究領域は、経済社会の発展と共に発展してきたといえるが、前述のように、生産量の増加と作業の効率性を追求する実践的な学問領域として発展してきた。そもそも農学の研究体系は、本来的に実践性の強い性格を持ち、フィールドワークが必要とされる性格を持っているが、19世紀以降に発展してきた近代農学は、農芸化学の発展から分子生物学など分析的な研究が中心になってしまい、それぞれの研究領域が細分化されたことによって、研究の体系性と本来あった実践性が乏しくなってきている。ゆえに、これからの「農」の領域を分析・研究していくためには、細分化された研究領域を結合していくなかで、生産から加工、流通・ビジネスまで体系的に捉えるなかで、地域産業の活性化、持続的発展につながる新たな農学の学問体系を再構築する時代に来ているといえよう。

このように農林水産業を考える上で“食”はとても重要な視点である。

２.「食」における機能性への関心

これまで食料供給基地として、日本の食を支えてきた地域の農業は、現在、経済の国際化・グローバル化が進展するなかで、昨今のTPP11への交渉参加のもとで、国際競争力の強化＝“強い農業”への転換が求められている。他方、消費者の食に対する消費志向は「差異化」が重視されるなかで、安全性や健康性といった商品の品質を求める「高品質志向」と「低価格志向」に２極化する傾向が見られる。このような背景から、冒頭のとおり、日本は国際競争力の高い農業にむけて、地域資源の有効活用や高付加価値型のビジネスモデルの構築を目指した、いわゆる６次産業化に関する施策が強化されている。そのため従来の原料供給体制を見直し、高品質志向の消費者をターゲットとした機能性・健康性重視の商品開発や６次産業化・農商工連携の取組が各地で行われている。

しかしながら、昨今の６次産業化の動向を見ると、プロダクトアウト型の類似商品が各地で散見されており、将来的な農畜産加工品市場の飽和が懸念[1]される。ゆえに、６次産業化・農商工連携を展開するうえでは、プロダクトアウトからマーケットインの新商品開発・付加価値創造が重要となり、販売促進や販路拡大等のマーケティング戦略を重視した分析視角をもった６次産業化モデルの展開と地域産業振興の展開が課題である。

これに対応すべく、日本各地では様々な活動が展開されているが、なかでも注力されている一つにあげられるのが、“食品の第３次機能”[2)] として着目されている“機能性”による商品の差別化である。

昨今の「機能性表示食品」制度にかかる国の規制改革に伴って、各地で機能性食材を活用した６次産業化・農商工連携推進と地域農業振興が展開されている。例えば北海道においては、**図8-1**に示したように、北海道独自に食の“機能性”を保証する「北海道食品機能性表示制度」（愛称：ヘルシーDo）が展開されている。

ヘルシーDoは、全国初の地域版の機能性表示制度で、北海道において道産食材などに含まれる機能性成分を使った「加工食品」を北海道の独自ブランドに育てるため、2013年４月から施行された食品の機能性表示制度である。なぜ、このヘルシーDoが全国から注目されているかというと、それは一般的に国が管理する「特定保健用食品」制度に比べ、企業責任を前提に審議が行われる「機能性表示食品」制度の方が審査は容易であると言われているものの、実際にはそれほど審査条件は容易でないとの意見もあり、地域ブラン

資料：北海道 HP より引用。

図 8-1　ヘルシー Do のロゴマーク

ドの強化として「機能性表示食品」制度が活用しづらい可能性があるとの声が各地であがっているためである。そのため、国の基準とは異なる基準で、全国で最初に地域版の「機能性表示食品」制度であるヘルシーDoが注目されている。

なお、ヘルシーDoは従来までの食品の機能性を主眼とする特定保健用食品表示制度とは異なり、地域ブランド商品の品質保証と「健康」という新たなマーケットの開拓をねらった制度であることから、地域産業の活性化の手段として「機能性表示食品」制度を活用しようとしている地域にとっては参考になろうかと思われる。ただ、ヘルシーDoそのものが、地域ブランドとして認知されなければ、新たなマーケット開拓には繋がらず、各地で展開されている地域ブランド認定と何ら変わらない可能性もある。ゆえに、重要なのは「機能性表示食品」制度を活用したマーケティング戦略である。

３．“もち麦”普及の魅力

さて、オホーツク地域においても、ヘルシーDoなどを活用しながら食の“機能性”を活用した６次産業化推進と地域農業振興が検討されている。その具体的な活動として現在私が注力しているのが、スーパーフードとして着目されている“もち麦”の普及である（**写真8-1**）。

米に“うるち”と“もち”があるように、実は大麦にも“もち”と“うるち”がある。ぷちぷちとした食感と香りが豊かな“もち麦”は、最近、よくコンビニのおにぎりや弁当、パン、菓子・スイーツなど、色々なことで見かける。この“もち麦”の特徴は食物繊維の豊富さで、押麦の約1.5倍、精白米の約22倍の含量に至る。このように食物繊維が豊富な

写真8-1　スーパーフードの“もち麦”

“もち麦”であるが、実は食物繊維は大きくお通じよくする「不水溶性食物繊維」と、腸内で悪玉菌を抑制し、善玉菌を増やしてくれる「水溶性食物繊維」に分けられ、この“もち麦”にはその２種類の食物繊維がバランスよく含まれているのである。その中でも“もち麦”の水溶性食物繊維の大部分を占める成分はβ-グルカンと呼ばれ、このβ-グルカンには、余分な糖質の吸収を抑え、血糖値の急激な上昇を抑制し、さらには、朝食に“もち麦”を食すことで、昼食や夕食後の血糖値を上昇しにくくなるという“セカンドミール効果”という機能が期待される。そのため、このβ-グルカンを特に豊富に含む大麦は“機能性大麦”と呼ばれ、生活習慣病の改善・予防や腸内環境を整えるといった健康効果が注目されている。昨今の消費者の健康志向の高まりからマスメディア等でもこの“もち麦”が多く取り上げられ、都内のスーパー等でも欠品が続くこともあるほどその人気は留まることを知らない。

　また、収穫期の“もち麦”の黄金の畑は、景観作物としても魅力的であり、“もち麦”は観光資源としての可能性も秘めている。この“もち麦”を起爆剤に麦のある生活を創出することができれば、それはまさにテロワール創出へと繋がり、その先には大麦のある風景を文化（世界農業遺産）にまで昇華させることで地域を創成できるのではないかと考えている。

　ただ、これだけ魅力的な“もち麦”であるが、日本で流通している“もち麦”の多くは輸入品であるということは、あまり知られていない。ゆえに、まだまだ国産の“もち麦”は普及・消費されていく大きな可能性を秘めており、このような状況を受けて、現在、日本各地で本格的な“もち麦”の生産が始まろうとしている。その一つの地域が、大麦栽培に適した北海道オホーツクの地である

４．“もち麦”の普及を目指す北海道オホーツク地域

　そもそも北海道オホーツク地域には大麦のルーツがあり、５～13世紀に栄えたオホーツク文化の遺跡であるモヨロ貝塚からは、大麦やキビなどの穀

物が出土しており、かつての古代人も大麦を食し、古代から大麦栽培が展開されていたことが明らかとなっている。今では大麦でもビール用大麦が盛んな地域ではあるが、古代から大麦との縁が深いオホーツクの地において、“もち麦”の生産が始まろうとしている点には、この地で“もち麦”栽培を進める必然性を感じられる。

北海道オホーツクでは、冷涼な気候と広大な土地を最大限に活かし、大型機械化農法による寒冷地作物の栽培、特に加工原料の畑作３品（デンプン用ジャガイモ、麦：小麦、ビール麦、ビート）を中心に作付けしてきた。日本でも屈指の高い生産性を誇るオホーツクの農業は経営の安定化にむけて、政策、市場、気候変動の影響を見ながら毎年畑作３品の作付割合を調整してきたことから、特産品となりえる作物が見えづらく、加えて、農業生産者自らが食すような作物が選択されてこなかったことで、食文化が生まれづらい環境が今も続いている。ゆえにオホーツクにおいては、政策、市場、気候変動といった外部要因に左右されない安定した農業経営の展開が急務となっており、そのためには畑作３品に代わる新たな作物を輪作体系に組み込むことと、農業生産者が自ら生産した農産物を食す域内消費を構築することで、持続的な畑作経営モデルを構築し、畑作文化の醸成につなげていくことが必要となっている。

以上の課題を克服するのに最適な作物こそが“もち麦”である。麦類を栽培してきたオホーツクの農家は、麦を栽培するための経営資源（機械、栽培経験、栽培技術、ノウハウなど）を活かすことができるため、他の地域で新たに“もち麦”を導入することに比べ経営リスクが少なく、さらに食用である“もち麦”は農家自らが生産したものを食すという食習慣を構築することが可能となる。

このような、魅力満載の“もち麦”を地域内外に広く普及すべく、オホーツク地域では、有志の農家や加工業者、本学の教員等でオホーツク機能性大麦推進協議会を2015年に立ち上げ活動してきた。そして、2021年４月からは、この協議会を基盤に、もち麦のさらなる普及とともに、もち麦のあるライフスタイルを提案した健康社会の構築を目的に一般社団法人もち麦フィールズを立ち上げ日々活動している。

５．北海道オホーツク地域ではじまった機能性食用大麦の普及活動

現在、日本においては空前の健康ブームであるが、よくマスメディア等で取り上げられる食材に機能性食用大麦がある。大手コンビニをはじめ、スーパーなどでもよく目にする機能性食用大麦は、実は日本で流通している機能性食用大麦の多くは輸入品で、まだまだ国産の機能性食用大麦が足りていないのが現状である。そうしたなかで、今、大麦栽培に適した北海道オホーツクの地で本格的な生産が始まろうとしている。

北海道のオホーツクには大麦のルーツがあり、5～13世紀に栄えたオホーツク文化の遺跡であるモヨロ貝塚からは、大麦やキビなどの穀物が出土しており、かつての古代人も大麦を食し、古代から大麦栽培が展開されていたことが明らかとなっている。今では大麦でもビール用大麦が盛んな地域であるが、古代から大麦との縁が深いオホーツクの地において、機能性食用大麦の生産が始まろうとしている点には、この地で機能性食用大麦栽培を進める必然性を感じられる。

北海道オホーツクでは、冷涼な気候と広大な土地を最大限に活かし、大型機械化農法による寒冷地作物の栽培、特に加工原料の畑作３品（デンプン用ジャガイモ、麦：小麦、ビール麦、ビート）を中心に作付けしてきました。日本でも屈指の高い生産性を誇るオホーツクの農業は経営の安定化にむけて、政策、市場、気候変動の影響を見ながら毎年畑作３品の作付割合を調整してきたことから、特産品となりえる作物が見えづらく、加えて、農業生産者自らが食すような作物が選択されてこなかったことで、食文化が生まれにくい環境が今も続いている。ゆえにオホーツクにおいては、政策、市場、気候変動といった外部要因に左右されない安定した農業経営の展開が急務となっており、そのためには畑作３品に代わる新たな作物を輪作体系に組み込むこと

と、農業生産者が自ら生産した農産物を食す域内消費を構築することで、持続的な畑作経営モデルを構築し、畑作文化の醸成につなげていくことが必要となっている。

以上の課題を克服するのに最適な作物として着目されたのが機能性食用大麦である。麦類を栽培してきたオホーツクの農家は、麦を栽培するための経営資源（機械、栽培経験、栽培技術、ノウハウなど）を活かすことができるため、他の地域で新たに機能性食用大麦を導入することに比べ経営リスクが少なく、さらに食用である機能性食用大麦は農家自らが生産したものを食すという食習慣を構築することが可能となる。

また、全国でもオホーツクの地しか見られないであろう、大麦による黄金の畑は、観光資源としても魅力的であり、かねてから麦の文化があったオホーツクの地において、この機能性食用大麦を起爆剤に麦のある生活を創出することができれば、それはまさにオホーツクのテロワール創出へと繋がる。

このような、オホーツクの地にとって魅力満載の機能性食用大麦を地域内外に広く普及すべく、現在、有志の農家や加工業者、本学部の教員等でオホーツク機能性大麦推進協議会を立ち上げ、日々活動が行われている。

図8-2に示したオホーツク機能性大麦推進協議会は、オホーツク地域の食

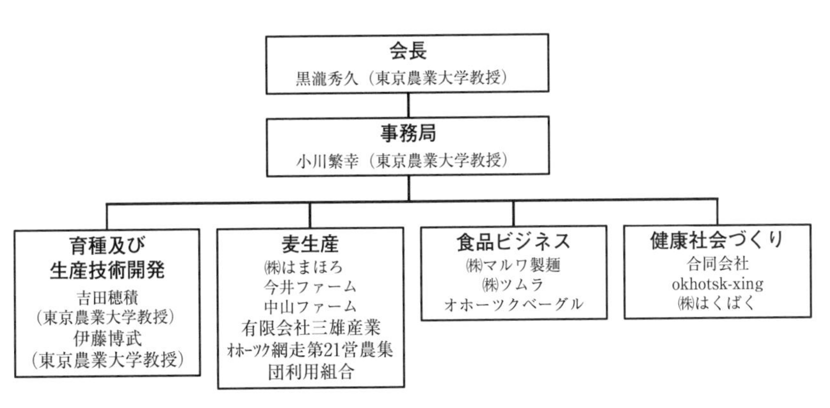

図8-2　オホーツク機能性大麦推進協議会の組織図

材と生活習慣病の予防、改善効果を持つβ-グルカン高含有大麦を用いて、オホーツク地域らしい美味しく健康機能性に富む食品を開発し、地域経済の活性化と地域の健康社会の構築を目的に、2015（平成27）年２月６日に設立した。

そもそも本協議会の事務局を担う東京農業大学生物産業学部は、公益財団法人サッポロ生物科学振興財団が提唱する『北海道新規機能性大麦食品産業振興構想』に基づく委託研究として、北海道における機能性食用大麦の栽培試験を実施しており、その成果として、有志の農家や地域加工業者との連携のもと、公益財団法人はまなす財団の「地域づくり活動発掘・支援事業」の支援や一般社団法人全国米麦改良協会の「国内産麦利用拡大推進事業」などを得ながら、機能性食用大麦の栽培・普及や健康機能性に富む食品開発などに努めている。これまでも機能性食用大麦の周知・認知拡大にむけて、都内著名シェフを招いたイベント（シンポジウム）の実施や機能性食用大麦を活用したレシピコンテストなどを実施してきた。

なお、本協議会の活動において重視してきたのは、機能性食用大麦の生産体制の確立と販路開拓の同時進行である。機能性食用大麦と一口にいってもその品種は多種多様であり、また日々品種改良・開発が進められなかで、数年先のマーケットを予測しつつ、その地域にあった品種を選定し、現地での生産体制や流通体制を確立していく必要がある。前述のとおり、農家にとって機能性食用大麦の生産は魅力的であるものの、その生産体制を確立していくためには、その地にあった品種を選定し、きちんと収益を得ていくためには販路確保と流通体制の確立も同時に進めていく必要がある。この点に対応すべく、本協議会では、協議会設立当初から“生産－加工－流通・消費”各部門ごとでの機能性食用大麦の普及と各部門間の連携強化に、協議会メンバー各々が尽力してきた。

ここでは、特に“生産”と“加工”の領域を担う協議会メンバーの活動を紹介したい。

（1）自ら商品開発・販売に取り組む今井ファーム

北海道オホーツク地域小清水町にて、畑作３品をはじめ、豆類などの生産に取り組む今井ファームの今井貴祐氏は、協議会設立当初から機能性食用大麦の“生産”部門を担ってきた農家である。

そもそも協議会では、オホーツクの地に適した品種を選定するため、サッポロビール㈱から提供種子２品種の試験栽培から進めてきた。その２品種の特性を把握し、また、オホーツクでの生産技術を検討するなかで、サッポロビール㈱からの提供種子のうち、「富系1103」については、原肥として春まき小麦への施肥量と同等程度を行い、出穂期に窒素追肥を行うことにより現在オホーツクの地で生産しているビール麦「りゅうふう」と同等の収量が確保できる可能性があることが明らかとなった。また、「富系1103」は現在一般流通している機能性食品大麦の中でもβグルカンの含量が高く、また、他の品種に比べ食味や色味も優れていたことから販路開拓における優位性も期待されるため、本協議会では「富系1103」を選定し、普及活動に努めていくこととなった。

この「富系1103」の生産技術の確立と普及にむけては、輪作体系への導入可能性や品質・収量の安定化が必須であることから、一般圃場での試験栽培が必須でした。この点において当初から参画しているのが今井貴祐氏である。今井氏がそもそも機能性食用大麦の生産に努めている理由は、大麦の生産を通じて、自ら生産している作物が“食べ物”であることを再認識した点にある。加工原料中心に生産してきた今井氏にとって、自ら生産したものを直接食すことでき、また健康にもなれる大麦はとても魅力があった。

今井氏は自らの輪作体系への大麦の導入の可能性を模索すべく、「富系1103」とともに、「富系1103」と同じく春まき大麦である「キラリモチ」との比較試験や秋まき大麦「ハネウマモチ」の導入試験にもチャレンジしている。なお、単収については、オホーツクの春まき小麦の単収が平均300～400kgであるなかで、「富系1103」や「キラリモチ」の単収平均は540～560

kgとなっており、春まき小麦よりも収量が良いという実感を得ている（今井氏の手応えとしてはより「富系1103」の方が収量がよい)。

そのなかでも「キラリモチ」については、自ら精麦、パッケージングし、商品化・販売している。今井氏の商品の特徴は、天日干しよる“登熟”にあり、そこからヒント得て「おひさまもち麦」と商品名で販売している（**写真8-2**)。その販路は、主に協議会や地域イベントなどを通じて繋がった方々を通じた展開が基本で、今では地域内においては地元のパン屋やカフェ、道の駅、スーパーなどに、地域外においては北海道どさんこプラザ（札幌市・東京都有楽町)、東京都内飲食店など、販路を拡大している。

写真 8-2　おひさまもち麦

(2）“地場産” にこだわる(株)ツムラ/津村製麺所

㈱ツムラ/津村製麺所（以下、津村製麺所）は、1949（昭和24）年に北見市で創業を開始した、コシのある麺が特徴である香川県の讃岐うどんをルーツとする製麺業者である。これまで麺業界においては、色味、触感などの品質にこだわるのであれば、オーストラリア産などの外国産小麦を使用するのが通例であったなかで、津村製麺所は道産ないしオホーツク産小麦での商品開発にこだわり、製麺業者としての強みと自社のルーツである讃岐うどんのコシを活かし商品開発に取り組んでいる。なお、その代表的な商品が、地場産小麦100％・無添加の「生ひやむぎ」であり、この商品は北海道の代表的な食としてミラノ博の出展アイテムにも選定されました。そのような“地場産”にこだわっていくなかで、オホーツク産の機能性食用大麦は自らの商品レパートリーを拡充していくなかで、とても魅力的であったと津村製麺所の津村健太氏・千恵氏は語っている。

しかしながら、製麺において機能性食品大麦の含量を増やしていくと、大麦自体にグルテンがないために麺のつながり悪く、また色味もクリーム色に濁ってしまう。そこで、食味と色味のバランスを考慮しながら試行錯誤を重ね、ようやく「北麦美人」(**写真8-3**)の開発にいたった。

写真8-3 スーパーフードの“もち麦”

この「北麦美人」で使用しているのは、本協議会のメンバーである(株)はまほろの大麦粉であり、小麦、大麦ともに100%オホーツク産である「北麦美人」は、自社工場に隣接するコミュニティスペース「TUMUGU Labo」やインターネット等で提供・販売している。

なお、津村氏は企業理念として、地域とのつながりを重視しており、地元生産者と企業をつなぐコーディネーターとしての役割を担うべく、地域内外の企業に対し、積極的に地元生産者を紹介したり、自らも地域関係者とのつながりに通じてギフト商品を開発・販売している。この津村氏の活動を通じて、地域内外において徐々にオホーツク産大麦が認知されはじめている。

以上、オホーツク機能性大麦協議会の概況を紹介したが、本協議会では協議会メンバーそれぞれが大麦の普及にむけて、個別活動を展開しながらより大麦を通じたコミュニティを拡充していくことで、今では協議会としての活動から自立的活動に展開しはじめている。

今後もこの機能性食用大麦を通じたコミュニティを拡充し、大麦のある暮らしの創出に努めていく。

附記:本文は小川繁幸「“もち麦”で描くオホーツク世界農業遺産」『ザ・フナイ』vol.143、船井本社、2019年9月、pp124-132および小川繁幸「機能性食用大麦の普及を目指すオホーツク機能性大麦協議会」『グリーンテクノ情報』Vol.16No.2、2020年９月、pp.18-20を加筆修正してまとめたものである。

注記

1）現在、日本においては今村が提案した「農業の６次産業化」の論理をベースに、各地で農林水産業の活性化策として６次産業化構想が描かれているが、どちらかといえば、地域の素材で特産品をつくれば売れるような錯覚を抱いている地域が多いように思われる。この点は、中村剛治郎も中山間地域の内発的発展論をめぐる理論的諸問題を提示するなかで、今日の農林水産業の６次産業化の問題点として、以下のように指摘する。

「農業は、機械化など生産性の向上とともに農地集約による規模拡大を求める。結果として、剰余労働を生み出すので、農村の発展は、通勤可能な場所に、非農業の産業や仕事を集約する都市の発展を不可欠とする。中山間地域の人口減少を農林業の就業人口の縮小から説く議論があるが、現実は、近くの都市で製造業その他非農業の雇用が縮小した側面が大きい。農林業の生産活動だけでは、所得増を実現できないので、地域特産品に加工し、ブランド化して販売するという６次産業化の構想は、かつての一村一品運動の反省に立って、流通まで一体化して地域を取り組むことを目指すものであろう。この取り組みに賛成であるが、どの地域でも画一的に６次産業化構想を掲げているのを見ると、結局は、かつての一村一品運動と同じく、地域運動であっても、地域政策になっていないのではと危惧する。地域間の競合の中で地域特産品づくりを流通段階まで取り組んだとして、はたして地域経済は全体として発展するのか、そこに持続可能性はあるのか、という疑問をぬぐえないからである」（中村剛治郎「中山間地域の内発的発展をめぐる理論的諸問題」『地域開発』通巻572号、一般社団法人日本地域開発センター、2012年より引用）

以上、中村が指摘するように、かつての一村一品運動と同じように、現在の６次産業化の取り組みにおいては、類似商品が各地で散見され、将来的な農畜産加工品市場の飽和が懸念される。ゆえに、農林水産業の６次産業化においては、プロダクトアウトからマーケットインの新商品開発・付加価値創造が重要となり、販売促進や販路拡大等のマーケティングを重視した経営戦略・事業戦略の明確化が求められる。

2）食品は、栄養機能（第１次機能）やおいしさ等の感覚機能（第２次機能）のほか、生体の生理機能を調整する働き（体調調節機能）、いわゆる第３次機能を有している。（独立行政法人農畜産業振興機構HP：第３の機能性食品制度より引用・作成）

補論

中国の「郷村振興」戦略と6次産業化

范　為仁

1．はじめに

1970年代末の農村改革以降の中国農業は1980年代の商品経済化の進展、1990年代の市場経済体制の確立、2000年代のWTO加盟などによって個別農家経営が商品経済、市場経済、世界経済競争に適応しない零細性が顕在化された。そのため、1980年代から農業産業化、つまり中国版のインテグレーション（垂直統合）を模索し進められてきた。さらに2015年以降、農業・農村経済の「一二三産業融合」、つまり中国版の6次産業化が強調されるようになってきた。とくに2017年に開催された中国共産党19期党大会において都市と農村、農工間の不均衡問題を是正するための「郷村振興戦略」が掲げられ、2050年までに農業・農村の全面的振興を内外に宣言している[1)]。この戦略背景の下で、6次産業化はますます重要になってくると思われよう。

ところが、中国版の6次産業化は日本における農業の6次産業化を参考にしたものである[2)]が、提起された背景と国情の要因によりその概念の内包と外延が必ずしも同じだとはいえない。

2018年4月11日に筆者が江蘇省溧陽市で開催された郷村振興国際シンポジウムに参加した。そのシンポジウムのテーマは、「新時代・新田園・新郷村」であった。会議期間中、地元政府の責任者による会見の場があった。その時にその責任者は、新時代における郷村振興の担い手は、伝統的農民はもちろんのこと、農民出稼ぎ労働者の二代目のUターンも期待できないと発言され、新しい人材による郷村振興に対する強い期待を表明した。

そのため本稿では中国の６次産業化の動向とその担い手像について検討してみたい。

２．中国の「農業産業化」と６次産業化政策の展開

中国版の６次産業化は中国の「農業産業化」のバージョンアップとされている[3)]。中国の農業産業化の概念については、宝剣（2017）が次のとおり指摘している。「竜頭企業などの様々な主体が中心となり、契約農業や産地化を通じて農民や関連組織（地方政府、農民専業合作社、仲買人など）をインテグレートすることで、農業の生産・加工・流通の一貫体系の構築を推進し、農産品の市場競争力と農業利益の最大化を図ると同時に、農業・農村の振興や農民の経済的厚生向上を目指すもの」、「中国の農業産業化は「竜頭企業」と呼ばれるアグリビジネス企業による農業利益を最大化することのみならず、農民の経済的厚生の向上や竜頭企業と農民との利益・リスクの共有をも視野に入れた概念」……「さらに、中国の農業産業化では、様々な農業経営や地方政府、農民専業合作社などの様々な主体が技術普及や農業インフラなどの公共財を提供し、農業生産の高付加価値化を通じて、地域経済の振興や公共サービスの向上を目指すといった社会・経済政策的な側面も重視されている。」[4)]

以上引用した論述は、「６次産業化」という概念を使っていないものの、中国版の農業の６次産業化に関するもっとも適切な解釈と理解してよいであろう。「農業の生産・加工・流通の一貫体系の構築を推進」することは、すなわち、中国語の農業の「一二三産業融合」を指すことであろう。

中国では農業産業化における「産業融合」についてはじめて言及された政策文書は、2015年の「中央一号文件」であった。すなわち、「産業チェーン、価値チェーンなど現代産業組織の方式を農業に導入し、農村の一二三産業融合発展を推進する。」であった。ここで注意を要するのは、農業ではなく、農村の「一二三産業融合」ということである。実際、中国では「農村の一二三産業融合」と「農業の一二三産業融合」が併用されているが、二者の

違いを区別しなければならない。前者は農村経済学の分野に属し、後者は農業経済学の分野に属する。中国版の６次産業化は中国版の地域活性化の戦略としても理解できよう。2015年「中央一号文件」が出された後、相次いで「一二三産業融合」に関する政策文書が出された。すなわち、国弁発［2015］93号文件「国務院弁工庁が農村の一二三産業融合発展を推進することに関する指導意見」；中発［2016］１号文件「中共中央、国務院が新理念を確実にし、農業現代化を加速し全面的小康目標を実現することに関する若干意見」；国弁発［2016］84号文件「Uターン者・Iターン者が起業・革新して農村の一二三産業融合発展を促進することに関する意見」；「全国農産物加工業と農村の一二三産業融合発展計画（2016-2020）；「中共中央、国務院が郷村振興戦略を実施することに関する意見」（中発［2018］１号）；「郷村振興戦略計画（2018-2022）（中発［2018］18号）；「農業農村部が農村の一二三産業融合発展の推進行動を実施することに関する通達」（農加発［2018］５号）である。詳細な紹介はここで省略するが、現在、中国では「一二三産業融合」はすでに現代農業を発展させるためのもっとも重要な政策手段となっているといえよう[5)]。

３．中国版の６次産業化の特徴

中国で出版された産業融合に関する著書を数冊読んだ印象としていずれも日本の６次産業化を先進モデルとして紹介されている。しかし、中国の産業融合モデルの中に「接二連三」[6)]という、一次産業に立脚した日本のモデルに近いモデルがある一方、農業・農民を配慮しながら二次産業或いは三次産業に立脚して産業融合を進めるモデルが数多くある。つまり、中国の６次産業化は、産業融合に重点を置きながらもその主体が多様性をもっている。農民のためであり、農民をインテグレートするが、必ずしも農民だけによるものではないという点が中国の６次産業化の特徴といえよう。日本の６次産業化の理念は利益をなるべく農業内部にとどめようとするものであるが、中国の場合は、農外資本・人材の農業・農村への新規参入を政策の主導方向として強調されているようである。その現状を把握するために１つの事例を紹介してみよう。

４．中国の農業６次産業化の動向―北京天地清源農業科技有限責任公司社長の劉　艶飛社長に対する聞き取り調査

北京天地清源農業科技有限責任公司は2018年に設立されたアグリビジネス会社である。歴史の短い会社であるが、社長の劉艶飛さんは中国のアグリビジネス業界で活躍されている企業家である（**写真１**）。

劉社長は中国遼寧省の出身で1994年に中国の難関大学の１つである中国農業大学の園芸学部に進学され、蔬菜栽培を専門とした。1998年に卒業され、北京市優秀卒業生に選ばれ、北京市農業局に公務員として採用された。二年後に機関の制度改革により公務員の身分を放棄し、農業局傘下の蔬菜基地に赴任し、蔬菜マーケティングを10年間担当した。その後、その蔬菜基地が民営化され、パートナーと天安農業発展公司（以下、「天安農業」と略す。）を創立し、総経理（社長）に就任され、長く会社の経営管理に従事された。また、劉社長は母校の中国農業大学の中農創学院（MBA課程）に進

写真１　北京天地清源農業科技有限責任公司社長の劉艶飛さん

注：本稿で使用するすべての写真は劉社長が提供したものである。撮影の年月日は不詳である。

学され、最先端の農業経営を学んでおられる。劉社長は、自分のことを「新農人」（新型農民）と自称しておられ、農業の技術も経営も分かる。農業を愛し、農民に対しても愛情を持っている。これが、筆者の劉社長に対する強い印象である。とくに劉社長は中国の農業の６次産業化経営について詳しい。以前勤めた「天安農業」も典型的な一二三産業融合のアグリビジネス企業である。現在の新しい会社も６次産業化のモデルで経営されている。そのため劉社長に現在の会社経営について聞き取り調査を行った。

（1）会社の経営戦略について

高品質、ブランド化、大きい単一品種を追求したい。理由は中国の蔬菜市場が十分大きいからである。単純に計算しても年間消費量は2,500億kgに達しており、２～３万億元の市場規模である。健康意識の向上により消費量がさらに上がるであろう。しかし、現状は市場に生産物が多いが、高い品質で尚且つ安定供給ができる商品が足りない。ブランドが少ない。企業としてのブランドがあるが、蔬菜品類のブランド数が足りない。大きい単一品種のブランドがもっと少ない。供給サイドの改革・アップグレードは必要である。蔬菜品種が多く、消費量の多い品種が100あまりあるが、まず重点を掴むことは大事である。味を重視する品種を突破口にしたい。また、生産、供給、需要が結んでおらず、市場が生産をけん引してアップグレードをする必要はある。具体的に言えば、情報のミスマッチのため生産側が市場需要に対して把握が不十分で、多くの場合は盲従していて低いレベルの競争から脱出していない。生産が分散しており品質がばらつきである。そのため供給が不安定である。需要によって生産を行なって生産サイドの方向転換とアップグレードをけん引するべきである。

（2）ビジネスモデルについて

専門能力を生かして産品の組み合わせを改善する。生産サイドでは販売ルートの需要を知らない者がいる。契約がなければ、いい品種を栽培する勇気がない者もいる。販売ルートサイドではいい商品、つまり高い品質、味の良い、きれいな商品が欲しいが、安定な供給がない。以上のことを勘案して我々供給商サイドでは、市場の需要を理解しサービスルート、産品の研究・開発、商品ブランドの創出、生産と需要をリンクさせる総合能力をもたなければならない。

(3) 会社経営の展望について

会社理念：社名を「天地清源」とした理由は、天の時地の利を生かし、本を正し、源を清くして天地の精華を為すことにある。会社の使命：「五つのさせること」を掲げている。すなわち、消費者をより健康させ、パートナーをより幸せにさせ、農業をより強くさせ、農民をより豊かにさせ、農村をより美しくさせることだ。発展の目標：農産物産業のアップグレードの実践者と引率者になり、他人に必要され、尊敬される幸せな会社にしていく。核心の価値観：「五つの心」を掲げている。すなわち、良心をもつ、匠心をもって専念する、心を使って超越する、恒久心をもって堅持すること、誠心をもってともに享有する。戦略目標は高い品質、味の良いブランド蔬菜の供給商である。目標計画：３年以内に、すなわち2023年までに10個の大きい単一品種を模索し、ブランドと販売ルートの創出、品種と産地の選別、供給チェーンの構築、北京市場を重点に開拓すること、年度営業収入目標は5,000万元である。５年以内に、すなわち2025年までに１つ或いは２つの戦略的大きい単一品種を重点に開拓し、全国供給をする。年度営業収入目標は１億元である。10年以内に、すなわち2030年までに10個の大きい単一品種の品類集団群、５個の戦略的大きい単一品種のブランドを創出し、味の良い品類のトップランナーになる。年度営業収入目標は５億元である。

(4) なぜあなたがするのか

農業は将来性のある業界である。しかし落とし穴も多い。能力のある人はやりたくないが、能力のない人はやれない。アグリビジネス業界には入りやすい。しかし上手くしたいならばなかなか難しい。資金力、技術力、経営能力、管理能力、農業に対する愛情、他人に対する思いやりなどが高く要求される。

（5）会社の経営戦略（中期発展目標、戦略、段取り、相応の資源）について

まず、自分の資金でする。次に投資者の資金でする。段取りとしては、まず、核心的ブランドである「藷小恬」（甘藷）を成功させる。それから同じ方法で「菜小恬」（高原ジャガイモ、うまいトマト）ブランドを創出する。さらに核心的単一品種ブランドをもって複数の品種（「菜小恬」：ジャガイモ、トウモロコシ、キュウリ、ユリ、小型白菜、レタス、ニラ）をけん引させ、規模拡大をする。最後に戦略的単一品種（甘藷、トマト）を選別する。

具体的発展戦略についてつぎのとおりである。

①産品のアップグレードをする。②生産サイドとマーケティングルートをともに重視する。品種と基地（農民生産合作社）について、いい品種＋いい産地、自主品種権を申請すること；販売ルートとブランドをきちんとすること、である。③産品とマーケティングを互いに促進させる。核心の単一品種のためにマーケティングルートを開拓する。成熟したマーケティングルートのために新しいブランドを開拓する。マーケティングをもってブランド化を進める。④合作生産を行なう。家庭農場、技術の上手い農家或いは生産に専念している会社と戦略的パートナー関係を締結し、委託生産と共同生産を行なう。⑤組織を活性化する。パートナーの制限的株権を実名の株主まで拡大する。核心の単一品種ブランドについてはプロジェクトグループを結成する。専門家がプロジェクトマネージャを指導する。成熟した単一品種ブランドは独立して運営する。

なお、現在、劉社長の会社が甘藷を戦略的単一品種のブランドを開発して順調に進んでいる。現在、雲南省の高原栽培基地、遼寧省の西部栽培基地、北京の密雲栽培基地を持っている。基地の選別基準は極めて厳しい。すなわち、日照時間が充足、昼夜の温度差が大きいこと、環境汚染がないこと、地

勢が高く乾燥であること、土壌の有機質と栄養分が豊富であること、である。また、甘藷の古い産地と主産地を避けて連作障害の問題を規制し避けること。天然の冷資源と生態系環境を生かして病虫害の発生を有効に減少させるようにしている。

（6）なぜ6次産業化経営にこだわるか。栽培基地（農民専業生産合作社）の役割について

供給商として産品の品質、安全性が命である。それを生産の段階からコントロールしなければならない。しかし、零細経営をしている農家があまりにも数が多くて直接に交渉・管理することは難しい。そのため栽培基地を通じて農家の栽培を管理することは効果的である。また、栽培基地を通じて農家に対する技術指導もやりやすい。以前の会社（天安農業）は北京市の代表的なインテグレータで、典型的な6次産業化をモデルとした経営方式であった。通常の会社＋農家ではなく、会社＋基地（農民専業生産合作社）＋農家という方式で経営・管理をした。契約だけでなく、会社の従業員を基地に派遣させ経営・管理の指導を行った。基地を通じて専門家による技術指導もした。今後も同じ方式で経営管理をしていきたい。

（7）6次産業化の視点からみれば、劉社長の会社は販売会社として生産をインテグレートしていることが良く分かったが、二次産業、つまり加工面については如何であるか。

現在、他社に委託している方式でサツマイモの加工を重点に行っている。今後会社の1つの部門として全面的に強化し、加工のレベルを向上させていきたい。

5．おわりに

本稿では加速されつつある中国の6次産業化の特徴、動向について紹介し

写真２　サツマイモの加工風景

写真３　劉社長とその会社の従業員たち

た。紹介した担い手の事例はけっして個別現象ではない。劉社長のような人材は、農村以外に数多くいる。中国では「〜農業大学」と称する大学は日本の都道府県に相当する、各省・市・自治区において少なくとも一カ所ある。大学改革で農業大学も総合化しつつあって在籍学生がすべて農学を専攻するというわけではない。また、農業大学の農学を専攻した学生が卒業した後、必ずしも農業分野に就職するとは限らない。しかし、これらの人は郷村振興の潜在的人材といえよう。現在、政策的にこれらの人材を農業・農村へと誘導していることが明らかである。

通常、中国の農業・農村問題を議論する場合、農家を重視する傾向は強い。これは当然、間違いではない。現在の中国農業の担い手は主に分散した２億以上の農家であるからである。しかし、この2億の農家は基本的に貧困問題を解決したが、相対的に教育水準が低く、なおかつ高齢化が進んでいる。一概には言えないが、こういう分散した農家を主体にして日本流の農業の6次産業化を進めることは難しい。中国で6次産業化を進めるには農外の人材、資本を期待せざるをえない。大事なのは、いかにして分散した農家を捨てず、追い出さずに現代市場経済システムに納めるかであろう。そしてその主な担い手は政府が支持されている資本や技術を持っている、いわゆる「新型農民」である。この「新型農民」を輩出させることは、今後の中国農業の新しい地平を切り開くポイントとなるであろう。ただ、数多くの高齢で教育水準の低い、「伝統的農民」に対しては、その教育や組織化を含めてその利益を十分配慮しなければならない。とくにその利益をいかに確保するか、が今後、矛盾の焦点となろう。

注記

1）「郷村振興」戦略の背景については拙稿、范（2020）を参照してほしい。
2）本節の参考文献であげた、中国で出版された関係図書はいずれも日本の6次産業化を先進モデルとして紹介されている。
3）張紅宇　他著『金融支持農村一二三産業融合発展問題研究』、浙江出版集団数字伝媒有限公司、2017年版。なお、電子図書で閲覧したため正確なページ表記不能。
4）宝剣久俊著『産業化する中国農業　食料問題からアグリビジネスへ』名古屋大学出版会、2017年版、pp10-11
5）陳慈　鎮俊紅　龚晶『農業産業融合的理論与実践』、中国経済出版社、2020年版。なお、電子図書で閲覧したため正確なページ表記不能。
6）「接二連三」という中国語の本来の意味は相次いでという意味であるが、ここでは一次産業に立脚し二次産業と三次産業とリンクする意味として使われている。

参考文献

【日本語】
1．姜春雲編著、石敏俊他訳『現代中国の農業政策』、家の光協会、2005年版
2．池上彰英、宝剣久俊編『中国農村改革と農業産業化』（アジ研選書No.18）アジア経済研究所、2009年版

３．宝剣久俊著『産業化する中国農業　食料問題からアグリビジネスへ』名古屋大学出版会、2017年版
４．范為仁「[郷村振興（地域活性化）戦略と中国の農村集団経済改革の方向」『オホーツク産業経営論集』（第29巻１号）、pp1-8、2020.12
【中国語】
１．陳慈、陳俊紅、龔晶著『農業産業融合発展的理論与実践』、中国経済出版社、2020年版
２．靳暁婷著『郷村振興視角下産業融合的理論与実践研究』、中国経済出版社、2020年版
３．王立岩　著『現代農業発展的理論与実践：基於天津市的研究』社会科学文献出版社、2017年版
４．魏後凱、王興国『農業転換型与農村全面発展』社会科学文献出版社、2017年版
５．張紅宇　他著『金融支持農村一二三産業融合発展問題研究』、浙江出版集団数字伝媒有限公司、2017年版
６．苟文峰　他著『郷村振興：理論、政策与実践研究』、中国経済出版社、2019年版

執筆者紹介（執筆順）

菅原　優	東京農業大学生物産業学部自然資源経営学科教授　博士（農学）
小川　繁幸	東京農業大学生物産業学部自然資源経営学科准教授　博士（経営学）
中村　正明	関東学園大学経済学部経済学科教授
上田　智久	東京農業大学生物産業学部自然資源経営学科教授　博士（経営学）
藤石　智江	東京農業大学大学院生物産業学研究科博士後期課程修了　博士（経営学）
石川　尚美	東京農業大学大学院生物産業学研究科博士後期課程修了　博士（経営学）
范　為仁	東京農業大学生物産業学部自然資源経営学科教授　博士（農学）

農業の６次産業化の地平

2023年9月29日　第１版第１刷発行

編著者　菅原　優
発行者　鶴見治彦
発行所　筑波書房
東京都新宿区神楽坂２－16－５
〒162－0825
電話03（3267）8599
郵便振替00150－３－39715
http://www.tsukuba-shobo.co.jp

定価はカバーに表示してあります

印刷／製本　中央精版印刷株式会社

ISBN978-4-8119-0663-8 C3061